新时代传媒创新书系

5G时代网络空间变革与治理研究

付晓光 著

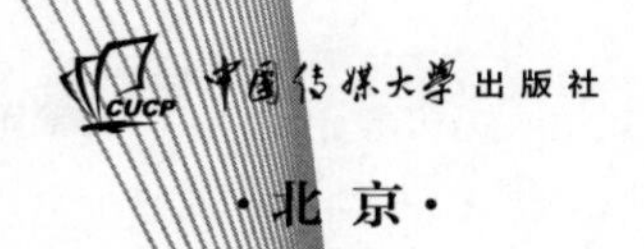

·北 京·

目 录

前言

本书着眼于即将到来的5G时代下的网络空间治理，对其实践创新路径和方式进行了系统分析与探讨，包括5G时代的国际网络背景、5G时代网络空间治理的宏观目标（网络空间治理的逻辑、主体和模式）、网络空间治理的具体问题（5G时代的资源布局、网络舆情处置新方法），以及对三个新业务形态：物联网、区块链、人工智能治理的前瞻预判。总体研究目标可以概括为三个方向。

首先，细化5G技术在国际化进程中的中国定位及策略问题。习近平总书记提出了同各国携手共建网络空间命运共同体，推进“发展共同推进、安全共同维护、治理共同参与、成果共同分享”的倡议。中国的5G发展是国内问题也是国际问题，如何在复杂的国际局势中保持技术领先，同时达成更多的国际共识，把握机遇获得更大发展空间，是本文首先考虑的问题。

其次，为习近平总书记提出的政策落地、治理体系升级寻找具体路径和策略。通过对国内外法律文件、政策措施、5G落实与覆盖领域等的搜集研究和预判分析，从治理主体构成、治理模式创新、治理实践探索等方面厘清5G时代下网络空间治理的整体逻辑体系，并指出5G语境下中国治理模式的转型与创新路径。

最后，合理预判新型网络业务形态与未来网络空间治理的风险点，赢得机会成本，规避失控风险。如何结合当前5G背景对新时代的网络空间治理实践方式进行合理预判，针对已经出现或可能出现的部分新演变提出相应的实践创新建议，也是本书的思考方向。

第一章“5G时代国际网络局势”从5G资源标准这一国际竞争的核心焦点入手，通过解读美国在2019年提出的三部法案，分析美国对本土企业的扶持体系以及为了维护其霸权地位而对中国通讯企业采取的战略，论证美国试图通过限制资源流动等方式，实现技术专利化、专利标准化、标准垄断化战略，在全球5G争夺中独占优势。

本章还从技术哲学和传播政治经济学层面，表述了西方在潜意识中对技术的理解，从根本意识形态层面阐释了包括5G在内的新兴技术应用背后所蕴含的种种复杂联结，同时解读了5G出现带来的西方数字资本主义纷争和国际权力结构变化。随后，笔者通过分析5G市场占有率相对较高的欧美地区和中国的5G发展政策，提出了中国政府在5G时代构建网络空间命运共同体过程中的一些治理建议和治理方向。主要包括把握5G核心技术发展，拓展国际合作空间，借助“数字一带一路”政策，共同建立跨国技术标准化联盟，用以应对知识产权判定与技术标准制定等问题；拓展能够普惠民生并获得国际认同的新兴领域建设，求得多边治理和多方治理最大交集；等等。

在把握5G发展带来的国际环境变化的基础上，第二章“5G时代网络空间治理的逻辑选择与创新路径”将视线转回国内。本章立足于习近平总书记关于网络空间治理的系列讲话精神，结合中国特色社会主义新时代的社会主要矛盾变化，对我国网络空间治理的主体与模式的演变进行系统梳理，对我国在5G时代下的社会治理格局和虚拟社会的复杂网络结构进行分析。适合中国现实环境并推动中国发展的治理方式，就是以政府为主导，互联网平台和网民多方共同参与的参与式治理模式。

笔者在对现阶段参与式治理的实践路径进行规划和探索时，将参与式治理的主体划分为政府、平台和网民三大主体，并提出应从完善治理体制、协调治理机制、利用新技术提升治理能力等方面对参与式治理模式进行创新。最后以新冠肺炎疫情的舆论引导为例，证实了协同治理模式的具体可行性。笔者提出利用新技术建设立体复合的舆论引导架构，实现所有舆论主体全员动员，纵向上完成全样本、全流程的政府信息公开，横向上统筹舆论引导的关系协调与资源调配；合理推动各子系统间的有效协同与双向沟通，使之产生超越单一子系统以及各子系统简单相加的整体效应。

第三章“5G开放后的网络空间治理的主体与模式变化”将网络空间治理扩展到社会治理层面，5G给网络空间治理主要带来了两方面的冲击：第一，网络治理主体扩容与治理对象遍在化。随着5G技术深入各行各业，网络不再仅仅作为底层技术辅助社会治理，运营商的治理权重有所增加，同时网络的社会化开始向社会的网络化过渡。第二，网络治理层级融合，传统互联网的三层架构不再界限分明，各层级间的双向需求逐渐增强。笔者通过分析变革的内部逻辑，提出了以主体扩增、高维协同为核心的革新措施，包括5G时代下网络治理主体中旧部门技术化、新技术部门化的实践创新路径，即发挥政府在高阶治理网络中的统筹作用，对终端层、平台层、体制层进行云端总控。电网公司利用5G切片技术进行智能监控和数据汇集，运营商将服务方式调整为从物理层到应用层的智能嵌入，其他企业、社区和个人积极参与治理与自治，共同实现从网络治理行政化到行政治理网络化的高阶治理模式变化。

第四章“5G的资源布局与管理”主要针对5G时代政府如何进行有效的网络资源配置进行分析并提出建议。笔者指出，为防控断网事故与技术漏洞等新技术风险，政府在5G时代有必要对资源治理进行源头把控，利用新技术弥合“数字鸿沟”，消减社会结构差异，缩小城乡发展差距。政府在调配基础设施资源，审查内容应用资源以及整合社会文化资源中应做好顶层设计，保证全产业链、全平台化建设的协调运作，完成治理思路从“治”到“防”的调整。随后，笔者从基础设施资源治理和数据资源治理两个方面提出了具体建议，主要包括从市场和政策调节出发降本增效，建设低碳环保型社会；以区域协调发展为目标，对5G基站建设进行科学规划和整体部署；对5G频谱等关键资源进行合理的市场化配置；统一IP标准以推进城乡发展差距缩小进程；进行“去中心化”数据的渠道管理等。

第五章至第七章“5G背景下的网络舆情治理”基于4G现状和5G优势，先从网络公共议题和网络群体传播两个层面对现有网络舆论的产生机制进行剖析，再从学术角度对5G时代网络舆情新特征、舆论主体的变化与传播模式进行了推导预判。研究发现，网络公共议题中的核心议题的本质是矛盾背后的恒定主题，包括社会资源再分配、社会角色再分配、社会公平再平衡、社会伦理再定义等，这些议题的讨论也印证了隐形参照系的存在和作用。在对公共议题进行讨论时，议程漫射、议程循环拉锯、议题焦点的过度聚焦与无端失焦、网民议事能力偏低、议事规则约束力弱等都折射出当前网络舆论环境的现实问题。笔者提出，可以借助模因论制定网络空间正面宣传策略。

在对网络群体传播的论述中，笔者指出，新兴网络的出现使得社交媒体的群体规则包括群体聚合方式、规制制定流程、群体准入门槛等均发生了改变，群体内部规则的改变对外界整体秩序也造成了一定的影响。基于以上分析，笔者认为 5G 时代网络舆情发生场所将会从移动互联网扩展至更为广泛的物联网，舆情参与主体由单一的网民扩展至以“赛博人”为代表的多种智能化参与主体。“万物互联”改变了信息交互路径，使得网络舆情开始出现“去中介化”的特质，传播形式上转变为新技术加持的视频主导模式，舆情信息本体或将以“混乱自由市场”的态势呈现，网络舆情自净化特征或将凸显。诸多庞杂的新变化势必会引发一系列新问题，笔者对网络舆情的负面效应是否会加剧甚至导致群体极化、技术介入是否引发有效信息隐没、信息过载是否引发网络舆情功能性价值贬损、技术理性是否会因“物”的介入而对舆情“人性”产生反噬、新兴技术是否造成虚拟与现实的边界模糊等问题进行了追问。

随后三章以三个独立的新治理对象为研究核心，从具体治理层面进行了合理分析与展望，分别分析了三者的新发展趋势以及应对策略。

第八章“5G 背景下的人工智能治理——以智能媒体为例”，分析了 5G 对人工智能与智能媒体产生的影响，反思 5G 赋能下的智能媒体在全行业内的应用现状，并从理论角度对智能媒体的冲击及治理的本质进行了思考。随着智能媒体支撑下的算法推荐日益普及，大量同质化推荐正在构建信息茧房，导致用户被算法权力所控，造成技术异化的困局。算法社区、赛博文化同样存在治理盲区。随后，笔者分析了我国以及发达国家现阶段智能媒体治理实践，指出虽然当前人工智能的发展得到了国家的大力支持，但是相应的治理政策和治理体系尚不完备，主要监管主体即科技企业、媒体机构和政府职能部门的责任分配与判定尚不明确。针对这些问题,笔者提出的对策建议包括加强赛博文化主流意识形态建设、平衡智能媒体报道、从行为引导和信息准确性方面加强智能媒体伦理审核、建立智能媒体辟谣机制、健全责任主体的监管体系等。

第九章“5G 背景下区块链推动国家治理能力现代化”,区块链作为新时代的新兴技术之一,在 5G 时代拥有了更加广阔的发展空间,也为 5G 时代提供了新的治理手段,如借助区块链技术中密码学算法改善医疗质量和医疗管理模式、利用区块链溯源技术完善商品防伪能力等。同时,以区块链为底层技术的社会信用体系在 5G 时代与网络空间治理有着极高的适配性。笔者提出社会信用体系可以通过提高事前审查信息完整度、加大事后处理惩戒力度等手段帮助互联网优化治理方式。分析中发现我国网络社会信用体系还存在不足,如缺乏权威公正的征信体系和信用评价标准、信用服务机构繁杂、封闭式监管体制导致信用信息不对称等。针对这些问题,笔者提出可以通过建立社会信用链、完善个人征信信息,借助区块链“去中心化”特质明确信用机构和政府的治理角色,依据区块链的可溯源性完善信用信息平台的数据归属,建设互联网法院、打通线上线下法制网,使“区块链+社会信用体系”实现“信息收集—信息分析—失信惩戒—主体监督”的治理闭环。最后,笔者以区块链在传媒产业的具体应用场景为拓展点,提出利用区块链技术创建知识产权管理网站以及借助信用积分机制引导舆论风向等治理思路。

第十章“5G 背景下的物联网治理”具体到物联网治理层面,指出 5G 技术为物联网发展拓展了新的可能,物联网也为网络治理带来了新的机遇和挑战。物联网治理将会面临各领域标准细化的竞争日益激烈、数据归属权问题日益复杂、物联网技术应用扩展带来的社会架构重置、数据安全风险提高但政策举措落后等新问题。针对这些问题,笔者对政府物联网治理提出了四点建议。第一,利用新技术搭建新型物联网网格,与现实社会的管理形成一个有机整体,实现全流程覆盖的网格化管理体系。第二,政府可以联合各行业共同组建物联网“标准池”,利用企业的专业能力和行业的前瞻性目光推进标准的细化和落地。第三,采取政府指导、企业主导的模式成立“数据银行”,将数据打造成一种新型资产,完善数据资产的流通交易机制。第四,政府可以在加快数据安全立法进程的同时督促企业为所有网络设备构建“终身监控链”,促使企业在面对数据安全问题时变被动防护为主动防御,进一步提升物联网安全。

截至落笔,本书的研究问题仍在快速发展变化中。受限于研究视野和研究水平,文中的大量思考尚不成熟,诚望各界批评指正。本书内容主要为北京市习近平新时代中国特色社会主义思想研究中心一般项目“新时代网络空间治理的实践创新”结项成果。在此特别感谢中心支持,感谢课题组专家的辛苦指导,以及课题组成员的勤恳付出。

第一章　5G 时代国际网络局势

本章摘要

5G 标准的制定与大国国际影响力之间的博弈愈演愈烈。美国提出的三部法案试图从具体操作层面形成一种内部规约，通过限制资源流动促使本国企业之间互帮互助，同时建起一座与外界联系的严密屏障，试图在全球 5G 争夺中独占优势。本文通过对三部法案的分析和解读，结合技术哲学和传播政治经济学的相关概念，解读数字资本主义时代全球网络局势。

自问世后，5G 成为国际政治经济角力的新焦点。从 5G 频段、5G 标准制定到 5G 产业，各国对 5G 资源的争夺深入到每一个环节，且日益白热化。而焦点中的焦点，就是中美两国多种形式的角力。

美国动用国家力量，阻碍中兴、华为等中国公司在 5G 领域的发展。仅仅依靠莫须有的“国家安全”和“网络犯罪”便起诉华为 23 项“罪行”。美国国务卿蓬佩奥等人多次威胁丑化中国，多次派出政府要员游说欧洲国家在中美角逐中站队，甚至直接建议欧洲国家禁止使用中国公司（华为公司）的产品。

近期，美国通过三部法案立法，一方面扶植本土企业的发展；一方面对中国 5G 技术公司进行规约，破坏中国 5G 战略布局。这三部法案是美国在 5G 问题上对华策略的缩影，是美国网络技术价值观的集中体现，也是美国未来有可能采取进一步行动的依据。在全球一体化的时代,中国的发展与世界整体发展息息相关,分析这三部法案,有助于我国把握 5G 来临后的国际博弈,有针对性地进行战略部署。

一、三部法案的分析解读

《保障 5G 安全及其他法案》(*Secure 5G and Beyond Act of* 2019)、《美国 5G 领导力法案》(*United States 5G Leadership Act of* 2019)、《促进美国 5G 领导力法案》(*Promoting United States International Leadership in 5G Act of* 2019)这三部法案都于 2019 年提出,时间上略有先后:《保障 5G 安全及其他法案》于 2019 年 3 月 27 日提出,《美国 5G 领导力法案》于 2019 年 5 月 22 日提出,《促进美国 5G 领导力法案》于 2019 年 7 月 15 日提出。至本书截稿时,三部法案都在参议院审核阶段,需在参议院通过后,由总统签字后才能成为法律。

三部法案存在内在逻辑的连续性。《保障 5G 安全及其他法案》是三部法案的纲领,是对 5G 时代作出的引导示范和指南性文件;《美国 5G 领导力法案》是对美国在 5G 时代自身领导力的全方位阐述;《促进美国 5G 领导力法案》则是如何提升美国 2020 年在全球范围内 5G 话语权的实际性、方法论文件。三部法案无论从时间还是逻辑上都是逐层展开、逐步递进的关系。

(一)《保障 5G 安全及其他法案》的解读

《保障 5G 安全及其他法案》由弗吉尼亚州民主党联邦众议员阿比盖尔·斯潘博格(Abigail Spanberger)提出,全文共两部分[①]。篇幅不长,通篇基本上是对基本纲领的介绍,要求美国制定策略,确保美国及其盟国的 5G 网络及基础设施安全。

这部法案对于自身的定性如下:它是一份和国家的经济担保权益(Security Interests)有关的第五代以及未来通讯的说明,是对 5G 到来后多个方面

① 分别是:一,标题(Short Title);二,下一代移动通讯体系和设备设施安全性策略(Strategy to Security of Next Generation Mobile Telecommunications Systems and Infrastructure)。

存在的潜在风险的鉴定和评估,是对5G意义范围的界定,是一份5G时代国内外设备供应商的“可用清单”。全篇的总则和纲领性内容主要体现在第二部分“下一代移动通讯体系和设备设施安全性策略”中。该部分在“策略需求”(Strategy Required)中主要提到三点:一是确保美国国内第五代以及未来多代移动通讯体系和设施的安全。二是支持相互防御贸易联盟(Mutual Defense Treaty Allies)与战略合作伙伴(Strategic Partners)的通讯系统与基础设施建设,最大限度地保护这些国家/组织的第五代以及未来多代通讯设备的系统和设施的安全性。三是保护美国国内本土企业的竞争性、美国国内消费者的隐私并使标准制定本身独立于政治之外。

通过以上表述,我们可以看出美国对未来通讯领域的整体规划和布局思路。该思路不仅限于第五代通讯设施,体现的是对未来将出现的通讯设施建设,亦即之后的N代通讯设施的安全性战略布局。

法案通篇充满了对于5G时代可能存在的风险的顾虑。例如,法案指出,要保证5G设备设施建设必须由美国内部掌握;支持美国的相互防御条约联盟、战略伙伴以及与美国有共同利益的其他国家;最大限度地避免标准制定体系受政治影响,保护本国企业发展的完整性等。虽行文间未曾言明,但其矛头直指华为、中兴等5G技术领先的企业。

(二)《美国5G领导力法案》的解读

三部法案中,篇幅最长的当属颁布于5月22日的《美国5G领导力法案》。该法案由密西西比州共和党参议员提出,得到两党支持。其中对于5G时代来临后美国需要做什么、为什么要做这些以及怎样做都做了详尽的论述。全文由九大部分①组成,开篇即明确美国重拾5G时代领导力的重要性。

① 分别是:一,标题(Short Title);二,界定(Definitions);三,5G网络部署与安全政策陈述(Policy Statement on 5G Network Deployment and Security);四,禁止通讯设备和服务暴露在国家安全风险中(Prohibition of Communications Equipment and Services Posing National Security Risks);五,设备替换许可(Equipment Replacement Grants);六,供应链信托基金(Supply Chain Security Trust Fund);七,5G网络的部署和可用性报告(Report on Deployment and Availability of 5G Networks);八,与通讯供应商和可信赖的供应商之间的信息共享(Information Sharing with Communications Providers and Trusted Suppliers);九,提升美国在通讯标准制定体系中的领导力(Promoting United States Leadership in Communications Standards-setting Bodies)。

笔者将在之后的行文中主要阐述这部法案中涉及中国的部分。

第二部分的“界定”中,层层递进地将法案中提及的 14 个相关名词[1]都做了详尽的阐释,仅这些阐释就占了超过三分之一的篇幅(5/14)。在第九条法案“涉及的公司”中,明确提及华为和中兴与其附属企业,以及任何隶属于中华人民共和国的通讯供应商公司与面临国际安全风险的实体,直接将中国和中国企业与“面临国际安全风险的实体企业”画等号。可以说,整部法案将矛头直指中国通讯服务供应商,直指华为与中兴。之后的政策论述中不断提到“涉及的公司”这一界定,对其进行了诸多的限制,甚至不允许联邦政府并购其公司实体以及任何附属的子公司,以全面防止渗透。在美国及其联盟国家部署 5G 的进程中将“涉及的公司”全面排除在外。

第三部分正式开始介绍《美国 5G 领导力法案》的正文,明确美国应该怎么做、联邦政府应该怎么做,其核心要义无外乎促进美国商用 5G 网络的发展,支持本国企业发展 5G、抢占频段,严防外来企业并入美国。

第四部分主要是设备购置方面的限制,首先限制了从“涉及的公司”中购买任何设备;其次,在法案颁布的 90 天内,另将定义一项新的规则供委员会采用:通过 FCC 项目应对通讯供应链国家安全威胁(Protecting Against National Security Threats to the Communications Supply Chain Through FCC Programs)。

第五部分是关于设备更换的许可。这一部分对更换的设备使用年限、来源以及更换的预算、更换的资格都进行了十分详尽的规定。更换设备的企业先要从供应链安全信托基金(Supply Chain Security Trust Fund)处获得许可,或者获得借用许可。从国库中可免息借出的用于设备更换的资金不超过 7 亿元,且只可用于替换“涉及的公司”以及面临国家安全风险的企业

[1] 分别是:(1)3GPP;(2)5G 网络(5G Network);(3)合适的国会委员会(Appropriate Congressional Committees);(4)合适的国家安全代理机构(Appropriate National Security Agency);(5)云计算(Cloud Computing);(6)许可(Commission);(7)通讯网络(Communications Network);(8)通讯提供者(Communications Provider);(9)涉及的公司(Covered Company);(10)暴露在国家安全风险中的实体(Entity Posing A National Security Risk);(11)供应链信托基金(Supply Chain Security Trust Fund);(12)电信负载者(Telecommunications Carrier);(13)可信赖的提供商(Trusted Supplier);(14)美国通讯提供商(United States Communications Provider).

所供应的通讯设备；获得更换设备资格的通讯企业的用户不得超过600万个。这既是对5G建设资金的节约，也是对5G发展期间本国通讯行业内非龙头企业的一种扶植。笔者认为，这种扶植方式可以通过国家提供资金的方式，促进美国国内通讯行业中各个企业的发展，同时有效地避免单一企业发展过大造成的垄断。

第七部分5G的部署和可用性中，也提到要对"涉及的公司"所提供的设备以及服务进行特殊的关注。

第八部分提到"联合计划"(Joint Program)的信息共享，提出在法案颁布的90天内，国家安全部门要与情报部门、联邦调查局、商务部门共同磋商，与美国通讯服务提供商和组织进行日常以及特殊事件的分享；与此同时，优先与小企业、乡村地区的企业合作。通过以上法案条例可以看出美国希望在5G时代，借势发展国内小型企业以及边远乡村地区经济的通讯建设，发展本国经济的意图。

新技术革新带来的利益，由美国政府和企业共享。《保障5G安全及其他法案》《美国5G领导力法案》《促进美国5G领导力法案》三部法案无一例外都是通过立法与国内的企业达成一致"共识"。在企业自身发展层面，一个难以忽视的问题就是政府与私人资本的关系。以20世纪美国信息产业为例，AT&T[①]、西联[②](Western Union)日益壮大直至垄断，当财富和资本的累积到达一定程度时，其影响力就不只限于经济领域，它们开始将触角延伸到政治领域。

私人资本的裹挟所呈现出来的就像《巨富》中描绘的世界：当私人资本到达一个难以企及的高度时，它将从经济走向政治，影响政府决策和政治走向。因此，三部法案中，对于有着一定规模的企业也予以限制。美国国会通过立法的方式同这些小企业订立契约，保证其既保有5G建设的巨大活力，不购买、租赁华为、中兴及其下属供应商的设备，又不至于造成垄断，威胁到

① 美国最大的固网电话服务供应商及第一大移动电话服务供应商，此外还提供宽频及收费电视服务。

② 国际汇款公司的简称，拥有全球最大最先进的电子汇兑金融网络，以前主要业务为收发电报，现在主要业务为国际汇款。

美国自身利益。甚至为了抗衡华为,促进本国 5G 的发展,美国五角大楼还提倡各个 5G 美企开源。这直接影响了美国企业之间的竞争格局。

(三)《促进美国 5G 领导力法案》的解读

颁布于 2019 年 7 月 15 日的《促进美国 5G 领导力法案》由美国众议院外交事务部副部长、德州共和党联邦众议员麦考尔(Michael McCaul)提出。从逻辑上看,这是涵盖意义范围最窄的一部法案,在前两部的基础上继续细化了如何使美国在即将到来的 5G 时代取得全球话语权;同时在内容上也是最无稽的一部。

全文由四部分[①]组成,与前两部法案明显不同的是,《促进美国 5G 领导力法案》开篇即用一系列具体的数据明确指出,在美国国内,5G 科技将为市场新增 300 万个工作岗位,创造巨大的价值:增加 5000 亿美元国民生产总值;在全球,仅 2035 年前,就将创造 123,000 亿美元的贸易交易额和 2200 万个新职业。

这部法案无中生有,抹黑中国以及中国企业,完全无视中国建立人类命运共同体的愿望,一心想要遏制中国的发展,从各方面限制中国以及中国的通讯企业。

通过以上三部逐渐深入的法案,美国全面建立起一个具体可操作的实施体系。三部法案侧重不同,但一以贯之的都是霸权主义。一直以来,美国牢牢把控着通讯网络行业的话语权。对美国而言,5G 之争实际上是一场美国不想输掉的新网络空间领导力之争。如果中国技术成为国际标准,将导致美国丧失新技术时代的主导权,这在一定程度上意味着"美国优先"策略的失败。

更进一步看,三部法案瞄准的都是 5G 背后的市场空间。如果说 5G 是一片新战场,那么美国子弹里的火药还是老配方。标准的迭代升级常常会引起产业革命,从而影响国际格局。在 1G 时代,欧洲是全球网络技术发展

---

① 分别是:一,标题(Short Title);二,发现(Findings);三,国会意识(Sense of Congress);四,提高美国在国际标准制定体系中的代表性和领导力(Enhancement Representation and Leadership of United States at International Standard-setting Bodies)。

的风向标，诺基亚在此时期是全球最大的移动电话通信商。2G 时代，芬兰借助诺基亚实现了经济崛起。到了 3G 时代，高通、因特尔等美国科技巨头则夺得了业界的主要话语权。4G 时代，移动互联网从消费领域进入生产领域，数字经济成为驱动经济复苏的新引擎。数字经济的巨大“蝴蝶效应”带动了全球经济整体复苏，中国也是受惠方之一。“2018 年中国和美国的数字经济已分别占各自 GDP 的 38%以上和 58%以上。”[①]而且，中国的电子商务、移动支付等领域，已经呈现出引领全球发展的态势。4G 时代中国放弃跟随欧美已经成熟的 FDD 制式通信模式，主推 TD-LTE，试图弯道超车，在这一时期中国逐渐缩短了与发达国家的距离。

4G 带来的产业变革几乎改变了人们生产生活的各个方面，耗时仅仅数年。5G 带来的整个业态的变化更是空前的。显然，成为 5G 国际标准的制定者无疑会带来巨大的利益。而中国的迅速发展，特别是第五代通讯体系标准的话语权逐步建立，使美国感受到了前所未有的危机感。更令美国坐立不安的是，中国不仅拥有这个领导力，而且正在稳步践行领导力。“到 2019 年 12 月为止，华为已在全球签署了 60 个 5G 商用合同，其中 57 个合同来自海外。”[②]而美国量子通信的专利数在全球仅排名第七。

美国之声曾就此进行报道称，华为等中国公司积极参与国际标准的制定，向全球标准制定机构定期举办的会议派遣大量工程师参会并提交议案，且来自中国的工程师大多在这些机构中担任要职。[③]

> 有迹象显示，在经过多年的精心布局之后，华为等中国公司目前在 5G 发展领域已几乎握有最大的国际话语权，在制定 5G 技术规范的各种全球化组织中占据越来越多的决策者宝座，成为中国在与美国博弈中一张鲜为人知的王牌……[④]

---

① 阎学通. 美国遏制华为反映的国际竞争趋势[EB/OL]. (2019-05-23)[2020-01-17]. https://tech.hexun.com/2019-05-23/197293546.html.

② 中国成为全球最活跃 5G 市场[EB/OL]. (2019-12-31)[2020-01-25]. https://www.guancha.cn/ChanJing/2019_12_31_530023.shtml.

③④ 美国之声. 国际标准话语权：中国主导 5G 的王牌？[EB/OL]. (2019-09-24)[2020-01-10]. https://www.voachinese.com/a/huaweis-leadership-dominance-20190924/5097061.html.

二、5G 时代西方国际数字资本主义的无硝烟战争

（一）西方技术哲学中的意识形态

5G 之争并非只是眼下的技术标准问题，笔者认为还涉及一个深层问题：美国技术哲学中的技术价值观，即以美国为首的西方世界在潜意识中如何认知技术？或可从另一角度解释美国决策行为的连贯性。

要厘清这一概念，笔者需要对技术（Technology）做一简要溯源。从人类出现开始，技术就存在于人类的生产生活中。但相对于技术应用的悠久历史，“技术”一词却并非自古有之。将目光回溯到古希腊。在那样一个无所不谈的时代，人们唯独不会讨论到“技术”。与之最相近的一个词是“Technique”，意为“手工艺品”，含义是非常形而下的。

然而西方的哲学传统向来重视形而上的思想而不重视形而下的技术。到了中世纪，人们开始知道“实用工艺”，但此时这种技术的前身依旧散落于民间各地，不为经院哲学所重视。直到 18 世纪第一次工业革命，轰鸣的机器及其巨大的资本产出，终于引发了西方对技术作为一种价值观的重视。1802 年，德国哥廷根大学经济学教授约翰·贝克曼说：“技术不应该再是一种零散性的知识，这些知识具有紧密的内在联系，必须作为一种综合性的学科教授给学生。”为了区别于“Technique”，贝克曼从亚里士多德的《修辞学》中找到一个生僻的概念“Technology”，至此，“技术”一词真正在人类文明史上出现。而“技术”的出现，是与资本主义相伴相随的。1877 年，德国的新黑格尔派哲学家卡普在书名中首次使用“技术哲学”一词，技术哲学作为一门哲学才首次登上历史舞台，开启了对技术理性与人文之间的关系探讨。

从历史发展脉络上看，今天我们讨论的“技术”并非单纯指狭义的技术产品，甚至不止于由技术产品构成的技术系统以及构建在其上的技术体制，更重要的在于在整套体制中浸染已久的技术主义和技术哲学。互联网并非客观中立的信息载体，内生性意识形态隐藏于技术架构和规则机制之中。安德鲁·芬伯格认为，“技术代码通过运用一定规则将技术要素组合起来，

形成一定的价值理念，体现了专家或设计者的价值选择”①。在今天，这种技术主义和技术哲学的核心就体现在资本主义的运行机制之上。

达拉斯·斯迈斯在《自行车之后是什么？》一文中提到技术的意识形态问题，意识形态不同于美国等资本主义国家的中国是否真的有必要在技术和设备上同美国“看齐”？亦即，技术本身是否具备意识形态属性，其是否可以为全人类所无差别共享？技术与技术应用是无法割裂的。在技术垄断、技术霸权的语境下，技术不是实验室里的理论图谱，它并不是中立的。它的诞生与消亡都受到利益驱动，它的更新和迭代直接和经济利益相连，而这种经济利益又间接牵扯到政治的因素，涉及大国之间的博弈。

对华战略中，美国的技术哲学与意识形态高度混杂，且形成了高度稳定性。2019 年 9 月，美国参议院情报委员会副主席、民主党参议员沃纳在回答美国之声提问时就曾毫不避讳地表达美国的政治考量：“制定标准的组织，这没有什么违规和不合适的，因为西方企业在 20 世纪也是这样做的。但问题是，中国企业听命于中国政府。”②

甚至不只是针对中国，美国在技术应用意识形态化上已经表现得相当随意。网络中立原则“要求平等对待所有互联网内容和访问，防止运营商从商业利益出发控制传输数据的优先级，保证网络数据传输的‘中立性’”③。这意味着网络中立原则就是要保障网络上的全部内容都以同等网速载入，使得中小型公司也能与网络巨鳄进行公平竞争，在很大程度上保障了发展不平衡的国家或企业能够进行无差别的持续创新。这个原则也被世界上大多数国家所认可，并且在网络空间命运共同体的建设进程当中，世界数字经济迅猛发展也证实了网络中立原则具有可行性。

自互联网诞生以来，世界各国网络发展水平存在差异，正如总书记指出

---

① 芬伯格. 技术批判理论[M]. 韩连庆，等译. 北京：北京大学出版社，2005：3.

② 美国之声. 美参议院提出议案加大美国 5G 投资，对抗华为[EB/OL].（2020-04-11）[2020-04-28]. https://www.voachinese.com/a/bill-introduced-to-provide-alternative-to-huawei-01142020/5245609.html.

③ 燕道成.“网络中立”：干预性的中立[J]. 当代传播，2012(4)：4-7.

的,“互联网领域发展不平衡、规则不健全、秩序不合理等问题一直存在”[①]。然而随着5G时代来临,网络中立原则能否存续突然备受挑战。“2015年6月正式生效的《开放互联网法令》在宽带接入服务方面确立了不得屏蔽,不得限制,不得提供有偿的差异化接入服务的‘三不’原则,从法律上确定了网络中立原则,但在2017年12月14日,该法令被美国联邦通信委员会(FCC)废除。”[②]推翻网络中立原则是否会阻碍发展相对滞后的国家和企业创新,是否会影响国际网络空间的平等发展,造成一家独大的局面,都是我们在5G时代继续构建网络空间命运共同体所要思考的问题。

(二)现阶段5G国际竞争与合作态势研判

美国方面,2019年4月,美国联邦通信委员会发布了《5G加速发展计划》。该计划中提到,“为了使美国成为全球5G的领导者,美国亟须鼓励投资和创新,同时要保障互联网的开放和自由。美国联邦通信委员会通过了《恢复互联网自由秩序》,该法案为互联网服务提供商制定了统一的国家政策。”值得一提的是,这里的《恢复互联网自由秩序》法案正是废止网络中立原则的决议。该法案允许互联网服务提供商在消费者知情的情况下禁止访问某些网站,或给这些网站降速。这样的做法有利于鼓励美国国内的网络巨头们为获得更多盈利而进行持续创新,但是从国际层面来看,这有悖于网络中立原则,不同的网络公司和网站无法获得平等的网络服务,不利于网络空间命运共同体的公平构建。

欧盟方面,2019年3月,欧委会发布了《关于欧盟共同应对5G网络安全的建议》(下简称《建议》),建议针对5G所带来的一系列网络安全问题进行风险评估,并分别从成员国层面和欧盟层面提出了立法和政策,旨在保证欧盟范围内的5G网络安全,以保护欧盟经济、社会和民主体系。《建议》提出各成员国应当进行国家5G网络基础设施风险评估并更新必要的安全措施,

---

① 温雅.习近平在第二届世界互联网大会上的讲话[EB/OL].(2015-12-16)[2020-03-17].http://www.gov.cn/xinwen/2015-12/16/contect_5024712.htm.

② 石丽蓉.揭开美国网络治理政策的面纱:对“多方”治理模式的分析[EB/OL].(2018-01-09)[2020-03-05].http://www.yidianzixun.com/article/0IFQGC0m.

同时各成员国应互相交流信息，以便协调完成欧盟范围内的整体风险评估，从而确保公共信息网络保持一致性和安全性，使欧盟能够通过共同行动和一致合作来应对 5G 带来的网络安全风险，保护其整体经济和社会安全。可以看出，作为多个成员国组成的一个整体，欧盟此次提议也体现出明确的共同合作意向。

此外，2019 年 5 月，“由来自美国、德国、日本和澳大利亚等 32 国，欧盟和北约以及 4 个全球移动网络组织的代表在捷克首都布拉格召开了‘5G 安全大会’。会后，参会各方共同发布了‘布拉格提案’”①。该提案从政策、安全、技术、经济四个方面对全球 5G 安全提出了意见。然而作为 5G 的重要建设者，中国和俄罗斯都未受邀参加此次会议。

该提案在政策方面写道：“应考虑第三国对供应商影响的总体风险，特别是关于其治理模式，是否缺乏安全合作协议或类似安排（如数据保护方面的充分性认定）。”可以看出，与会者讨论了针对供应商制定的某种安全条件，而中国的通信供应商可能“难以满足”这些条件。“从效力上看，‘提案’只是非约束性的政策建议，并不具有现实的约束力。”②但是从内容和长远影响上看，“布拉格提案”忽略了 5G 的基础技术性，而一味空谈 5G 可能带来的安全风险，很有可能对中国 5G 技术的研发和推广造成一定的负面影响。

可以说，在复杂的国际局势中，5G 问题已经不完全是中美二元问题。基于目前国际上各国对于中国 5G 企业（华为、中兴）的态度，笔者总结如表 1-1。

表 1-1 截稿前部分国家对中国 5G 公司的态度

国家		态度	相关内容
欧洲	法国	支持	5G 频谱起拍价格 21.7 亿欧元，制造商中，华为在列。
	德国	支持	默克尔：“若欧盟各国采取各自的对华政策，发出不一致的信号，将会对欧盟构成一大威胁。”德国内政部长泽霍费尔（Horst Seehoder）：“德国要在短期内建立 5G 网络，是离不开华为的。”“若没有华为参与，德国可能无法在短期内建成 5G 网络，该建设可能会推迟 5 至 10 年。”

①② 王德夫. 对“布拉格提案”中“安全关切”的解读与应对建议[J]. 中国信息安全，2019(6)：34-37.

续表

国家		态度	相关内容
欧洲	英国	支持	将允许中国企业华为“有限”地参与英国 5G 网络建设。英方称，高风险的供应商将被排除在网络建设的敏感核心项目之外，它们在非敏感部分的参与程度的上限为 35%。
	挪威	支持	将继续使用华为，增加爱立信为供应商。
	葡萄牙	支持	不会把任何中国公司排除在下一代 5G 网络建设之外。
	欧盟	支持	同意加强安全保障，但不会明确禁止任何厂商。
亚洲	印度	支持	允许华为参与 5G 实验。
	越南	反对	虽然正在遭受全球质疑，但越南最大运营商 Viettel 宣称半年内将研发出 5G。
	马来西亚	支持	决定将 5G 合同交给华为，并于 2020 年三季度推出 5G 相关服务。
大洋洲	澳大利亚	反对	逐步替换华为部分设备，沃达丰与诺基亚签署 5G 协议。
非洲	乌干达	支持	乌干达有望成为东非首个拥有 5G 的国家，中兴通讯为其提供支持。
	南非	支持	南非总统拉马萨福：“很明显，美国嫉妒一家名叫华为的中国公司超过了他们。”华为已经在南非签署了一份 5G 商用合同，且已经开始建设。
	尼日利亚	支持	据尼日利亚之声报道，在联邦通信和数字经济部、尼日利亚通信委员会（NCC）、MTN（尼最大电信运营商）、华为、中兴和爱立信的共同努力下，尼日利亚联邦政府已批准 5G 网络服务的应用试验，这使该国成为西非第一个试用 5G 技术的国家。
南美洲	巴西	支持	巴西和华为的合作已有 20 多年的历史。1 月 9 日，巴西部长级官员明确指出，在是否允许中国参与该国 5G 频谱拍卖的问题上，巴西不会接受美国的任何施压。
	阿根廷	支持	均无视美方警告，选择和华为展开不同程度的合作。
	智利	支持	

（基于观察者网整理）

总体上看,尽管美国仍然是国际社会中的重要影响因素,但 5G 语境下的网络空间国际权力结构已经开始发生微妙变化。“在经历过 1G 空白、2G 跟随、3G 突破、4G 同步的数十年历程后”①,急速前进的中国在 5G 时代异军突起,成功跻身通信产业的第一阵营,打破了传统的西方领导局面,以华为为代表的中国通信企业对 5G 技术的超前研发使得中国在通信技术领域的国际话语权进一步增强。可以说,5G 技术的革新对全球现有的市场格局进行了一次洗牌。中国在 5G 问题上展现的政治魄力、技术优势、合作意愿、成长空间已经获得了国际认可,具备引领下一轮经济增长的条件。

从表 1-1 可见,大部分国家并没有听从美国的指挥。华为的 5G 优势与包容性合作模式确实可以促进经济发展,而美国并没有给出更好的替代性方案。当然,仍有部分国家处于摇摆观望之中。值得注意的是,5G 标准问题不能忽视除美国之外的竞争者。2018 年 12 月,韩国三大运营商在韩国部分地区推出 5G 服务,实现 5G 在全球的首次商用,韩国为争夺 5G 主导权已经第三次提交 5G 技术标准申请。

(三)“标准战”直接代价:高额知识产权费

得标准者得天下。西方国家配合企业要求,采用极力促成“技术专利化、专利标准化、标准垄断化”②的战术路线。而我国 5G 技术已经处于优势地位,能否拿下 5G 技术标准,打破西方垄断,就成为关键所在。

衡量各个国家 5G 通信发展水平至少需要评估三方面的数据,即 5G 专利的总体数量、专利在各个技术分枝上(如高频通信、大规模天线、多载波等)的分布情况以及各企业拥有的数量。专利分析公司 IPlytics 和《国际商业时报》统计显示,截至 2019 年 3 月,在全球 5G 标准必要专利申请数量排行榜中,中国占据 34%,居于世界第一。截至 2019 年 2 月初,美国的高通公司拥有 787 项 5G 标准专利,而华为拥有 1529 项,超过全球任何一个公司。50 项 5G 的标准立项中,中国、欧洲、美国分别拥有 21 项、14 项、9 项,中国占

---

① 刘典,陆洋. 5G 正成为大国科技竞争的制高点[N]. 证券日报,2019-10-19(02).

② 胡沙沙. 信息产业技术标准全球化对我国国家安全的威胁及应对战略研究[D]. 天津:天津师范大学,2013.

据优势地位，日本和韩国则分别占据 4 项和 2 项。我国企业华为与中兴通讯同样名列前茅。

尽管中国在数据统计上占有优势，但这并不等于最后胜出。技术标准的竞争通常有两种方式，一种是技术标准的主导者与追赶者之间的常态竞争，另一种则是在标准更新换代之际，不同国家与企业开发新的技术标准而引起的新一轮角逐。5G 知识产权（IPR），尤其是标准必要专利（SEP）的争夺是推进 5G 网络部署的前提和基础。但是，“发达国家和垄断企业通过制定标准战略，利用国际标准组织和规则，将知识产权和标准体系结合起来，制定出有利于自己的标准体系”①。掌握更多的标准必要专利，意味着能够以更低的价格推广新一代移动通信，从而在国际格局中占据主导权。

1G 时代以 FDMA 为底层核心技术，2G 时代以 TDM 为底层核心技术，3G 时代、4G 时代则分别以 CDMA 与 OFDM 为底层核心技术。全世界各个公司围绕这些底层技术进行研究并申请相关专利，经筛选进入标准的技术构成了相应的标准必要专利。整个通信产业都需要向底层核心技术专利所有者缴纳高昂专利费。

通信领域专利技术的长期缺位，使得中国支付了巨额知识产权费。“1G 时代，国外厂商瓜分了中国市场 2500 亿的全部市场份额；2G 时代，在中国 7000 多亿市场份额中占据了 5000 亿。”②中国提出的第三代移动通信标准 TD-SCDMA，最终成为国际第三代移动通信主流标准之一。然而对于 TD-SCDMA 知识产权存在认知性差异，“仅仅就 TD-SCDMA 这个系统而言，中国拥有绝对的话语权，却只拥有部分分红权”③。而美国高通公司通过对码分多址（CDMA）技术专利的垄断，向其他厂商收取高额专利费，同时要求所有获得 CDMA 专利授权的厂商必须向高通公司无偿提供其所有通信专利授权，从而实现了专利反授权。

此外，高通还向使用 SOC 芯片方案的厂商收取 5%—10%的费用作为高通税。高通公司财报表明，2013 年 9 月，高通全球总营收 249 亿美元，其中

①② 徐朝锋. 国际技术标准竞争中的国家利益与有筹码的博弈研究[D]. 北京：北京邮电大学，2014.

③ PERLXS. TD-SCDMA 是否拥有自主知识产权的争议[EB/OL].（2008-09-19）[2020-03-13]. https://blog.csdn.net/perlxs/article/details/2952826.

中国市场营收约 123 亿美元，占比约 49%。4G 时代，在全球 4G 标准必要专利数量排行榜上，中国以 1247 专利数位于第二位，仅次于美国 1661 专利数。除此之外，中国还拥有自主知识产权的技术标准 LTE-Advanced，但自主知识产权的终端芯片研发没有突破性进展，华为虽然自主研发了麒麟芯片和巴龙 5000 基带，但仍因专利向高通支付了不少费用，仅 2017 年国产手机厂商交付的专利费就达 3000 亿元。这导致长期以来智能终端成本居高不下，让广大低收入群体面对高价格的智能机望而却步。

未来 5G 申请专利数量会持续上升，但是评判阶段将会是一个漫长的过程。现今，众多公司宣布了各自的 5G 专利措施，高通宣布每部手机的标准必要专利许可费为整机价格的 2. 275%，爱立信则为每手机 2. 5—5 美元。成本被极大提高甚至会超过终端本身材料配件的成本总和。未来该费率一旦实施，国内手机领域便会产生巨大压力。不仅如此，5G 网络社会存在的前提，便是建设足够多的网络基站，基站数量将远远超过 4G。5G 技术话语权如果再次旁落，将意味着我国在建设 5G 网络过程中将交付更多的知识产权费用，造成大量的经济财产外流，直接威胁国家经济安全。

三、5G 技术发展下网络空间命运共同体的建设举措

（一）建设“数字丝绸之路”技术标准联盟

习近平总书记深入阐释的互联网发展治理“四项原则”“五点主张”，得到国际社会广泛关注和普遍认同。自习近平总书记“构建网络空间命运共同体”理念提出以来，网络空间治理逐渐被认定为是需要多方共治的全球性治理议题。习近平总书记还进一步提出了“数字丝绸之路”建设倡议，推动“一带一路”及发展中国家的网络空间合作“要以‘一带一路’建设等为契机，加强同沿线国家特别是发展中国家在网络基础设施建设、数字经济、网络安全等方面的合作，建设 21 世纪数字丝绸之路”①。“我们要坚持创新驱动发展，加强在数字经济、人工智能、纳米技术、量子计算机等前沿领域合

① 2018 年 4 月 20 日，习近平总书记在全国网络安全和信息化工作会议上的讲话。

作,推动大数据、云计算、智慧城市建设,连接成 21 世纪的数字丝绸之路。”①

成立标准化联盟有利于促进技术标准的形成与扩散。这不仅可以解决技术标准中错综复杂的知识产权问题,而且可以争取技术标准的支持者,扩大竞争优势。GSM(Groupe Speciale Mobile)是欧洲联盟的第二代移动通信标准,欧洲各个国家的运营商和电信设备制造商借此实现了标准的统一。随着 GSM 的全球扩展,GSM 演变成了“the Globe Standard for Mobile Communication”,成为全球移动通信标准。

借鉴欧盟的经验,我国可以借助“数字丝绸之路”政策,建立跨国技术标准化联盟。《“十三五”国家信息化规划》中,“数字丝绸之路”建设首次被写入政策纲要,并被列为优先行动,要求到 2020 年基本形成覆盖“一带一路”沿线国家和地区重点方向的信息经济合作化大通道,信息经济合作应用范围和领域明显扩大。习近平总书记在第二届“一带一路”国际合作高峰论坛上指出,“要顺应第四次工业革命发展趋势,共同把握数字化、网络化、智能化发展机遇,共同探索新技术、新业态、新模式,探寻新的增长动能和发展路径,建设数字丝绸之路、创新丝绸之路”②。现今,“一带一路”已经从传统的基础设施领域合作拓展到数字经济的共赢,借助“数字丝绸之路”的政策东风,建立跨国技术标准化联盟是可思考的路径之一。

跨国技术标准化联盟在建立过程中,可以设置门槛与“一带一路”沿线国家开展不同程度的合作,设立技术梯度的研究共享,缩小“数字鸿沟”。在隶属于联合国的国际电信联盟 ITU 在巴西组织召开的 ITU-R WP5D#32 会议中,我国公开宣布,免费向全球授权使用中国的 5G 射频数据分析软件。这一决定将有助于提高全球各个国家 5G 网络建设的效率。更为重要的是,也一定程度上在国际上建立起中国的大国形象,为中国在 5G 标准话语权争夺中赢得美誉。跨国技术标准化联盟实现技术合作并且搭乘“数字丝绸之路”,打通研发与投入使用的壁垒,有助于提高我国 5G 技术研发在全球的市场占有率,掌握 5G 主导权。

---

① 2017 年 5 月 14 日,习近平总书记在“一带一路”国际合作高峰论坛开幕式上的讲话。

② 王进. 建设数字丝绸之路,大力发展数字经济[EB/OL]. (2019-06-21)[2019-09-13]. http://www.chinadevelopment.com.cn/news/zj/2019/06/1527236.shtml.

目前,我国 5G 产业联盟主要集中在国内。2019 年 12 月 26 日,中国移动北京公司 5G 产业联盟成立大会在北京召开,移动通信、华为、中兴、小米、VIVO、OPPO、IBM、爱奇艺等设备商、终端厂商和垂直行业达成合作意向。组建国内 5G 产业联盟是第一步,未来政府应该鼓励各大企业建立跨国技术标准化联盟。这一策略可以使我国在未来移动通信领域占据更多的标准必要专利席位。

(二)加大力度宣传本国多边治理模式,推动对立阵营合作

2016 年 10 月 24 日,伊利诺伊大学香槟分校的教授丹·席勒在北京大学就“数字时代的信息地缘政治”主题做了一次分享。他谈到全球各地的信息产业和数字化资本主义的发展概况,通过信息传播和通讯技术,深入阐释了二战后世界各国在重塑国际经济新秩序中所进行的复杂博弈。

从 20 世纪开始,“信息技术的资本竞争与逐利已经成为一种全球化的趋势”①。然而,数字资本主义并不是当今世界资本主义的良药,反而是加剧资本主义世界分化以及形成地缘政治的催化剂。丹·席勒旗帜鲜明地提出了“数字化衰退”(Digital Depression)这一概念:“……信息技术的资本竞争和逐利成为一种全球化的趋势。而 2007—2008 年的金融危机可以看到,数字信息技术在经济大衰退期间改变了全球资本主义的方式,深刻影响着全球的政治经济,而资本主义核心的力量——剥削、商品化和不平等——不仅没有得到缓解,反而正在网络化的政治经济中不断发展和加速。”②

从这个意义上看,所谓有着统一价值观的西方世界远非铁板一块。早在 19 世纪美国与英国之间的信息传播博弈就可见一斑。当时的英国拥有强大的海底电缆网络,基本控制着国际传播。一战之后,美国开始通过经济手段打压英国,却一直没得逞,二战期间美国又遭遇经济危机,直到二战后,1947 年在亚特兰大召开的国际电信联盟会议改变了对英国有利的投票体制,美国才取得国际电信联盟的话语权。到 20 世纪 70 年代初,美国最终建

---

①② 席勒,翟秀凤,刘烨,王琪,贾宸琰,季佳歆,方晓恬. 信息传播业的地缘政治经济学[J]. 国际新闻界,2016,38(12):16-35.

立了由美国控制的国际通信卫星组织。

因此,我国可在不同治理方式中求同存异,求得多边治理和多方治理最大交集,拓展能够普惠民生并获得国际认同的新兴领域。

1. 全球网络空间治理的模式变迁与主张碰撞

纵观国际网络空间治理模式的变迁,促使模式变迁与争论的根源是本国体制、技术逻辑以及国家权益。丹·席勒在《数字资本主义》一书中提出,电脑网络与现存的资本主义是联系在一起的,因特网技术同宏观经济与制度之间存在一定关系。"互联网产生至今,由最初的科研机构到 ICANN、联合国信息峰会以及互联网治理论坛等,治理制度经历了技术治理模式、网格化治理模式、联合国治理模式、多利益攸关方治理模式和国家中心治理模式等"①,实现了从"无序发展"到"有效管控"再到"多元治理"的变迁(见表 1-2)。多国主张碰撞的实质是政治的博弈。

表 1-2 网络治理的主要模式

治理模式	治理阶段	治理主体	治理流向
技术治理模式	1985—1998 年	互联网工程任务组, 计算机应急响应小组	自下而上
网格化治理模式	1998 年	全球公民社会	自下而上
多利益攸关方治理模式 (与网格化模式互换使用)	2003 年	政府,商业团体,公民社会	自下而上
联合国治理模式	2003 年提出	联合国	自上而下
国家中心治理模式	2013 年左右	政府	自上而下

早期,互联网治理模式由技术方主导。该模式的执行方分别为互联网工程任务组(IETF)和计算机应急响应组(CERT)。IETF 的主要任务是制定互联网协议,CERT 的主要任务则是应对网络病毒。1985 年,IETF 对互联网相关技术规范进行研发,制定了第四版(IPv4)及第六版互联网协议(IPv6),

① 王明国. 全球互联网治理的模式变迁、制度逻辑与重构路径[J]. 世界经济与政治,2015(3):47-51.

成为当时互联网治理开放性、异步性的蓝图与标准。但随着互联网的发展,其应用覆盖面扩大,互联网不再单单应用于科学研究,也拓展到了商业领域,早期的技术治理无法满足新的境况,于是出现了网格化治理。网格化治理模式的出现标志着互联网治理进入第二阶段——“有序管控”阶段。克拉克首先提出网络人格及互联网规制问题。在网络空间,主要通过法律、规范、市场和代码规范网络行为。网格化治理强调治理主体不再是单方技术机构,凡接触网络的主体,自由度较高的组织和个人,包括政府、商业团体、公民社会等都有权从自身利益出发协调治理方案,他们的行为和目标具有一致性和规律性。但该方案并非像宣称的那样民主、平等,实际上,美国政府借此实现了对互联网的垄断控制。“1998 年,ICANN 成立,……体现了美国互联网网格化治理的方案,是互联网中技术、商业、政治及学术团体的联合体。”表面上这坚持了去政府化的民主化治理,但其实质是依靠自身在技术上的优势阻碍其他国家管辖网络空间,维持自己在全球互联网中的垄断地位。

2003 年,联合国治理模式出现,联合国试图成为网络治理的主体,以反对美国霸权。这体现的是政府间国际组织之间的协商合作,多元共治。为此举行的联合国信息世界峰会积极为发展中国家在国际网络中争取自身地位,但因引发了激烈争论且并未得到发达国家的支持,未能够取得模式上的成功,但该会议已经具有标志性意义。第一,该会议将互联网涉及的领域从技术扩展到政治、经济、公共政策等领域。第二,反垄断、支持多元主体协商共治的理念在会议上得到加强。2005 年,勒文森提出“多利益攸关方”概念,互联网治理已经向“多元治理”变迁。“美国商务部电信管理局助理局长劳伦斯·艾斯克林(Lawrence Estrickling)将其定义为:多利益攸关方治理模式是在一个开放的、透明的和可问责的机制中,所有利益攸关者充分参与并以共识为基础进行决策和运作的过程。美国是多利益攸关方治理模式的发起者和最坚定的执行者,在国际互联网治理中推行。”①

从世界各国对本国网络的治理来看,目前大致可分为两类:政府主导

① 崔保国. 网络空间治理模式的争议与博弈[J]. 新闻与写作,2016(10):23-26.

模式和政府指导行业自律模式①。采用政府主导模式的国家包括新加坡、德国、澳大利亚等。这一模式通过立法确定互联网服务准则与产业标准，以此形成法律框架；在内容上划定违法与禁止传播的红线，进行强制性管制。

采用政府指导行业自律模式的国家和地区包括美国、英国、加拿大、日本、欧盟等。这一模式强调遵从网络自身的分级制度和从业者的自我规制：在未成年人健康上网方面，发布指导手册，开设网上专页、电话专线，引导家长提高警觉，督促网站相关部门严格核查。比如英国成立网络观察基金会，监督互联网违法犯罪活动；设立儿童网络保护特别工作组，内政部开展宣传活动提醒家长防患于未然，避免网络对未成年人造成危害。日本总务省邀请各层级代表组成自律组织，实行分级制度，发动民间力量，实现行业自律。

近年来，国家中心治理模式被较多国家认可，如俄罗斯和中国等。该模式强调政府有权力对网络空间施以强制约束力。虽然互联网具有开放性，但国家具有网络主权，政府对该国网络的监管与治理就是对国家网络主权的捍卫。

2. 增强宣传，求同存异；细处入手，扩大交集

随着 5G 技术的发展，网络空间将面对更为复杂、多元的治理问题，不同治理领域中的主导行为体可以也应该是不同的。我国应进一步细化境外网络空间治理主体，加强向政府外的其他治理主体，如相关企业，宣传介绍本国网络治理立场和政策主张，消除国外企业对中国的网络治理立场的误解，理解网络空间命运共同体的基本内涵和实践外延，逐渐摒弃多方模式和多边模式必然对立的固有思维，促进网络空间治理实践过程中多方模式与多边模式灵活结合，在不同治理领域根据具体问题建立不同的治理机制，而非固化于某种单一模式。

---

① 赵水忠. 世界各国互联网管理一览[J]. 中国电子与网络出版，2002(10)：8.

在此基础上，巩固原有阵营观点，推动对立阵营合作，拓展国际合作空间。网络空间并不是一个封闭空间，网络空间建设和治理需要各方共同发力。习近平总书记曾在致第六届世界互联网大会的贺信中提到，“发展好、运用好、治理好互联网，让互联网更好造福人类，是国际社会的共同责任。各国应顺应时代潮流，勇担发展责任，共迎风险挑战，共同推进网络空间全球治理，努力推动构建网络空间命运共同体”。在这一点上，我国政府应该积极拓展国际合作空间，促进不同阵营之间的交流与合作，以求推动网络空间命运共同体的共同构建。

正如上文中提到的，国际上对我国网络治理理念仍存在较大误解，同时一些西方国家正在以安全风险问题为由对我国的5G技术提出质疑，在这样的国际环境中，我国政府应积极且持续参与网络治理国际场合，主动在5G技术与通信安全等相关领域的国际权威专业平台上展示中国应用的实践案例，向世界展示中国的网络治理理念，并证明中国的5G技术是安全可靠且走在世界前列的，让其他国家对我国5G网络治理能力产生信心。

一是要巩固原有阵营的立场和观点，在上合组织、金砖国家会议、博鳌亚洲论坛等同一阵营的平台上，与友好国家协调立场、扩大共识，进一步提升凝聚力。二是要积极推动与对立阵营国家或组织的交流合作，求同存异，寻找领域内可以合作或互补的事务，在可以启动的具有普惠价值的细化领域展开合作。在当前形势下，应迅速找到国际争议较小，更容易达成广泛共识的新兴领域的相关议题先期开展工作，如“打击网络犯罪和网络恐怖主义”或中国已经在着手实践的“5G+智慧医疗”等普惠民生、能够获得国际认同的新兴议题，并以此作为切入点，率先在该议题当中提出中国的观点，进一步扩大国际合作空间。三是有关部门也可积极搭建中国主导的相关民间交流合作平台，并将其常态化。“与国际社会各方建立广泛的合作伙伴关系，积极拓展与其他国家的网络事务对话机制，广泛开展双边网络外交政策交流和务实合作。”[①]如 2014 年起每年在浙江乌镇举办的世界互联网大会，以开放、包容的姿态传达我国网络空间的建设理念。但是此类场合之外，还需要进一步搭建常态化的交流平台，如民间学术交流、人员培训、小型业务研讨等，促进共识，进而实现合作。

① 中共中央网络安全和信息化委员会办公室. 网络空间国际合作战略[EB/OL]. (2017-03-01) [2020-03-10]. http://www.cac.gov.cn/2017-03/01/c_1120552617.htm.

第二章　5G 时代网络空间治理的逻辑选择与创新路径

本章摘要

中国特色社会主义新时代的社会主要矛盾变化为互联网治理提出了新命题。实施以党和政府为主导,互联网平台和网民多方共同参与的参与式治理模式,是我国互联网治理的必然选择。本章分析了 5G 时代参与式治理的选择逻辑,探索了现阶段多元主体协同治理互联网的实践,并针对当前面临的困境,从体制、机制、手段三方面提出了创新路径,最后以近期的新冠肺炎疫情舆论引导为例,观察在公共卫生事件中协同治理的实践可行性。

习近平总书记在党的十九大报告中指出:"中国特色社会主义进入了新时代,我国社会主要矛盾已经转化为人民日益增长的美好生活需要和不平衡、不充分的发展之间的矛盾。"改革开放 40 年来,我国经济建设突飞猛进,综合国力日益增强,但社会发展的不平衡、不充分已经成为满足人民日益增长的美好生活需要的主要制约因素。网络空间是这一主要矛盾的主要呈现区。由 8.29 亿网民构成的新型网络社会是我国现实社会的延伸,也是转型期现实的延伸。

2019 年,党的十九届四中全会审议通过的《中共中央关于坚持和完善中国特色社会主义制度、推进国家治理体系和治理能力现代化若干重大问题的决定》指出，要“建立健全运用互联网、大数据、人工智能等技术手段进行行政管理的制度规则。推进数字政府建设，加强数据有序共享，依法保护个人信息”。面对复杂网络社会带来的巨大挑战，有关部门需探索更有效的治理模式。政策与执行、现实和理论都反复确认，参与式治理是现阶段最符合我国国情的治理模式。

一、网络空间治理主体与模式的演变历程

中国网络空间治理始终坚持党和政府的领导，在“九龙治水”模式形成过程中，治理部门逐步扩增，并由最初引入互联网时的发展优先、管理滞后，向主动治理转变。

“‘九龙治水’模式的发展分史前、源起、初步形成、相对成熟和升级五个阶段。”[①]在史前阶段（1994 年之前），互联网发展由学界驱动，应用于计算机、物理等领域。至 1993 年，接入网络的科研机构也只有 80 余家，尚未普及全国，“中国真正意义上的互联网管理还未出现”。1993 年底，国家经济信息化联席会议办公室（下文简称联席办）成立，统领信息化发展，为以党和政府为主导的治理模式奠定了基础。

在源起阶段（1994—1998 年），官方多部门共同管理的格局初具雏形，处于试探性的建设阶段，此时各主体关注技术属性，以期由互联网带动社会发展。1996 年 2 月，《中华人民共和国计算机信息网络国际联网管理暂行规定》发布，由邮电部、电子工业部、国家教育委员会和中科院共同管理互联网。同年，信息化领导小组成立，开始打破以往邮电部的垄断局面，正式确立互联网不由单一部门，而由多个部门共同管理的机制。1998 年，信息产业部成立，接管涉及通信、电子产品制造、软件等行业的相关部门，其中包括信息化领导小组，成为规划整体产业发展的主导性部门。

① 方兴东. 中国互联网治理模式的演进与创新：兼论“九龙治水”模式作为互联网治理制度的重要意义[J]. 人民论坛·学术前沿，2016(6)：56-75.

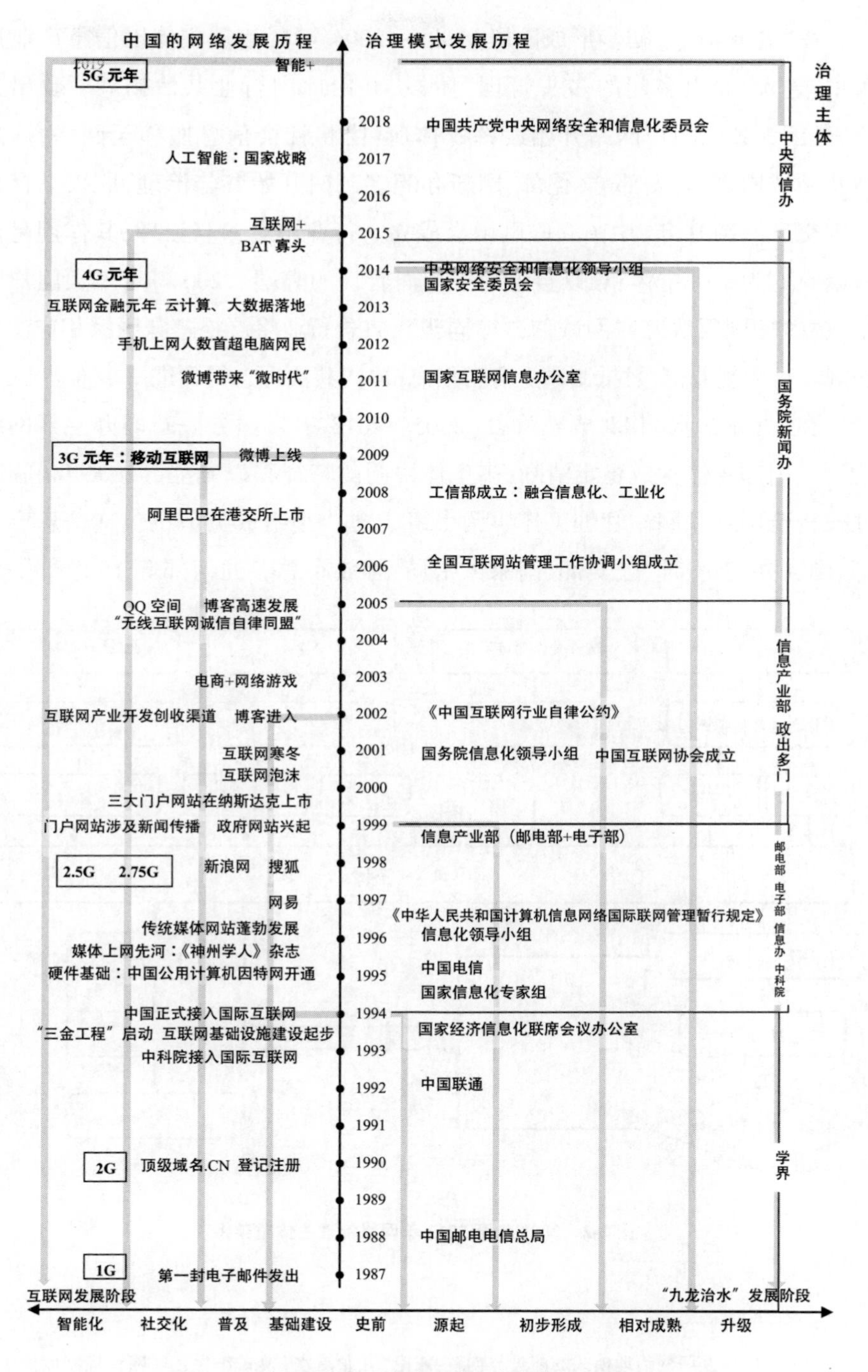

图 2-1　中国网络发展与治理的大事年表与阶段汇总

在“九龙治水”初步形成阶段(1999—2004 年),治理主体以信息产业部为主,进入“政出多门的多头管理”阶段,并由此向行业共治拓展。政出多门,是因为各大门户网站开始发挥媒体属性,将社会信息搬移至网络,信息涉及领域增多,公安部、文化部、网新办等多部门开始参与治理,职权上存在一定交叉。2001 年,中国互联网协会成立。行业协会参与治理,其作用是消除以政府为单一主体,难以自上而下全面管理的弊端。2004 年,三大门户网站成立“中国无线互联网诚信自律同盟”,宣告行业将严格遵守国家相应法律法规和行为规范,自发抵制网上有害信息,协同共治理念得到进一步推动。

在“九龙治水”相对成熟阶段(2005—2013 年),国务院新闻办主导网络治理。内部主体构成稳定清晰,多主体协同的特征得以确立。2006 年,临时性机构全国互联网站管理工作协调小组成立,“小组成员单位包括信息产业部、国新办、教育部、公安部、国家保密局、解放军总参通信部等 15 个部委和

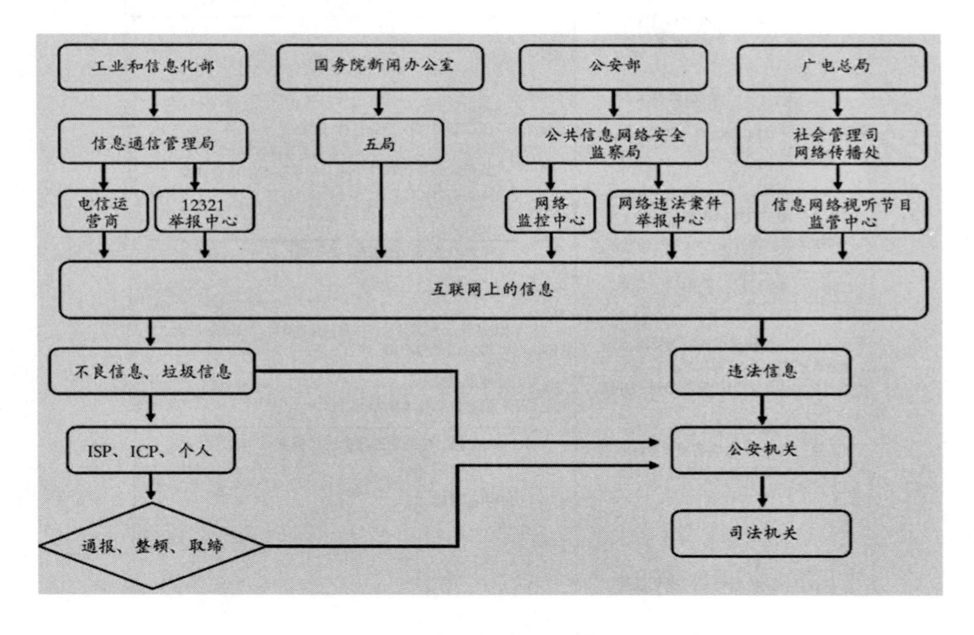

图 2-2　2005 年至 2013 年网络治理主体框架①

① 方兴东. 中国互联网治理模式的演进与创新:兼论“九龙治水”模式作为互联网治理制度的重要意义[J]. 人民论坛 · 学术前沿,2016(6):56-75.

军方机构,负责指挥的是中宣部,办公室设在信产部”①。2008 年,信息化、工业化两化融合,工信部成立,负责信息化管理。2009 年是为 3G 元年,移动互联网发展迅速,网络媒体的社交化属性被激发,而此时的治理主体涵盖部门较多,存在层级交叉、职权碰撞的问题,难以统筹协调。2011 年,国家互联网信息办公室成立并初具权威。2014 年,中央网络安全和信息化领导小组成立,习近平担任组长,着重保障信息及网络安全。

此后,“九龙治水”模式进入升级阶段,中央网信办为治理主体。在此过程中,党和政府不再被动跟随产业发展,而是加大领导力度。各主体分工协作,应对网络谣言、网络犯罪、网络安全等问题。工信部管理通信业,指导信息化建设,推动技术发展;公安部则打击网络犯罪等。多部委及下设机构共同保障互联网技术交流、维护国家信息安全,并组织协调各部门开展专项整治行动,如净网行动、扫黄打非行动等。但该模式在新时代也将面临新挑战,我国网络空间治理开始向参与式治理模式转变。

二、参与式治理的历史选择

(一)适应新时代发展的必然要求

习近平总书记在党的十九大报告中提出的“新时代”,是基于我国新的历史发展方位做出的科学判断,其最重要的标志是我国社会主要矛盾的变化。“人民日益增长的美好生活需要”意味着在经济建设取得巨大成效的历史背景下,人民需要的内涵也随之改变,从物质文化向物质文明、政治文明、精神文明、社会文明、生态文明全面拓展。“不平衡不充分的发展”指“我国社会生产力水平总体提升,但区域发展不平衡、城乡发展不平衡、群体发展不平衡的问题依然存在,随着改革进入攻坚区和深水区,深层矛盾逐步凸显,利益博弈此消彼长”②。

---

① 闫曼悦. 从运动式清网到常态化治理下的网民政治参与[J]. 湖北社会科学,2015(9):31-37.

② 人民网. 深入学习贯彻习近平新时代中国特色社会主义思想 深刻理解中国特色社会主义进入新时代[EB/OL]. (2017-11-08)[2019-09-15]. http://theory.people.com.cn/n1/2017/1108/c40531-29632832.html.

中国特色社会主义进入新时代,网络空间治理也要随之进行调整优化。一方面是互联网赋予了普通民众话语权,网友了解社会问题、表达利益诉求、问政议政更为便捷;另一方面是当下虚拟社会中新事物、新业态、新形式不断诞生,伴随而生的矛盾和问题也相继涌现。

"九龙治水"模式在很长一段时间里都发挥了重要作用,被视作中国互联网治理的重大制度创新。但随着产业进步和网络社会日趋复杂,这一模式的弊端开始逐渐暴露出来。多部门之间权责分配并不明确,协同机制欠缺,或各自为政,或职责重复。另外,管理手段具有单向性,主要由管理部门单向地出台系列法律法规,开展网络治理专项行动,屏蔽负面舆论等,治理关系中的二元对立多于良性互动。而新时代的群众也不再满足于仅仅使用互联网,其主体性日益增强,群体诉求日益多元化。在这样的背景下,参与式治理是完善治理体系的最优思路。

所谓参与式治理,就是指"与政策有利害关系的公民个人、组织和有关部门一起参与公共决策、分配资源、合作治理的过程"①。目前国内外学者对参与式治理尚未形成统一定义,但他们不同角度的阐述均体现了三大特征:

一是治理主体权利向下"转移",即有关部门向社会组织及公民赋权,使其具有相应的治理权利和责任。二是"强调参与的意义和价值,在参与式治理中,参与既是目的,也是实现资源、权利和责任中心分配的工具"②。三是协作,多元治理主体通过对话、协商、谈判等互动方式,有效化解矛盾冲突。

党的十八大以来,习近平总书记多次在重要讲话中阐述了关于参与式治理的系统观点。2016年10月9日,中共中央政治局就实施网络强国战略进行集体学习时,习近平总书记强调:"随着互联网特别是移动互联网发展,社会治理模式正在从单向管理转向双向互动,从线下转向线上线下融合,从单纯的政府监管向更加注重社会协同治理转变。"③

① 陈剩勇,赵光勇."参与式治理"研究述评[J].教学与研究,2009(8):75-80.

② 赵光勇.政府改革:制度创新与参与式治理——地方政府治道变革的杭州经验研究[M].浙江:浙江大学出版社,2013:56.

③ 人民网.习近平在中共中央政治局第三十六次集体学习时强调:加快推进网络信息技术自主创新朝着建设网络强国目标不懈努力[EB/OL].(2016-10-11)[2019-10-18].http://dangjian.people.com.cn/n1/2016/1011/c117092-28768107.html.

这是对参与式治理理念运用于互联网治理的明确表述。新时代社会主要矛盾的变化,将参与式治理提升至更高的战略高度。十九大报告中明确提出“打造共建共治共享的社会治理格局”,“共治”即强调要“引导和推动企事业单位、社会组织和公众参与社会治理,完善多元治理格局”①。参与式治理已经成为当前和今后很长一段时间内党和政府积极推行的互联网治理模式,也是顺应时代发展的治理新思路。

(二)治理复杂网络社会的必然选择

无论是自然界还是人类社会,个体都并非孤立存在的。个体与其他个体以及周围环境存在着复杂联系,共同构成复杂的系统。形形色色的复杂系统都可以抽象为由节点和节点之间的连边组成的复杂网络,如热力网络、细胞网络、交通运输网络以及人与人之间的社会关系网。节点用来表示系统中的个体,边用来表示个体间的某种关联,度用来描述某一个节点总共有几条边与其他节点相连,平均路径长度则代表了节点间连接所需要的最少边数。“1998 年,Watts 及其导师 Strogta 发表在 *Nature* 上的论文中提出了‘小世界’网络模型,揭示了复杂网络的小世界特性。虽然网络中的节点和边的规模很大,但平均路径长度较短。”②1999 年,Barabasi 及其博士生 Albert 发表在 *Science* 上的论文揭示了复杂网络的无标度特性,“即网络中的大部分节点只和很少节点连接,而有极少的节点与非常多的节点连接的幂律分布现象”③。

此后,复杂网络被应用于诸多领域,复杂网络的其他特征也被逐渐发现,如鲁棒性(某些一般性节点消失,不会影响整个网络的秩序和结构)、脆弱性(中心节点消失后,整个网络抵抗风险的能力较弱)、模块性(复杂网络存在社区结构,社区内部的节点连接稠密,而不同社区的节点连接稀疏)等。

从上述观点看,互联网虚拟社会是一个典型的复杂网络。依托数字技术和信息技术构建的虚拟社会打破了现实社会的时空界限,由于其开放性

① 马庆钰.人民日报新知新觉:打造共建共治共享的社会治理格局[N].人民日报,2018-7-24(07).
② 汪小帆,李翔,陈关荣.复杂网络理论及其应用[M].北京:清华大学出版社,2006:21.
③ 汪小帆,李翔,陈关荣.复杂网络理论及其应用[M].北京:清华大学出版社,2006:27.

和低门槛,吸引着个体不断由现实社会向虚拟社会“迁徙”。有关部门、社会组织、公民等多元主体在虚拟社会开展政治、经济、文化和社会交往活动,成为现实社会的延伸和写照,但由于人们的存在和活动均以数字化的形式展开,虚拟社会产生了不同于现实社会的复杂网络结构。

第一,虚拟社会具有开放性和扁平性,节点漂浮在虚拟社会中,基于地缘、趣缘、业缘等因素随时加入不同的虚拟社区,甚至可以同时存在于几十个虚拟社区中,形成了多中心的虚拟社会结构。

第二,虚拟社会的“小世界”效应、无标度特性、脆弱性等特征更加显著,节点之间的平均路径大大缩小,即使很微小的传播源通过裂变式的传播也能迅速在庞大的网络中蔓延。而且影响力大的节点收获的新的连接节点数常常呈指数级增长,例如微博大V动辄拥有几千万粉丝,这意味着虚拟社会中意见领袖对网络舆论的生成和演化起着重要的导向作用。

第三,虚拟社会具有匿名性,这导致传播主体缺少政策、法规、伦理道德的束缚,意见表达比现实社会中更加大胆和激进。

第四,虚拟社会作为现实社会的延伸,存在虚实“两相性”。当虚拟社会与现实社会相互叠加并产生作用时,将放大现实社会的矛盾,“虚拟社会中多方主体的加入,还会导致舆论焦点的转移和变异”①。

虚拟社会的一系列新特征,内在地要求治理模式实现相应转变。互联网赋予了每一个个体平等参与信息生产和传播的权利,公众的权利观念和民主观念不断增强,渴望参与公共事务和公共事件的探讨。以政府为单一治理主体的治理模式,与多元主体的多元诉求不适配,存在低效率和低社会响应的现实缺陷。传统的治理体制、机制和手段更适用于线性的行政管理,面对互联网的不断变化、自适应性也应对乏力。另外,治理对象由实体变为虚拟、网民规模的增加、网络平台的崛起和网络边界的延伸都对互联网治理提出了新挑战,互联网治理必须依赖多元主体协同参与。

---

① 骆毅.走向协同:互联网时代社会治理的抉择[M].武汉:华中科技大学出版社,2017:32.

三、现阶段参与式治理的实践探索

参与式治理的关键是协调多元主体关系,促进多元合作从而形成共治共享。目前学术界关于参与式治理的主体尚未形成统一观点,有学者提出可以分为"政府、企业、社会、公民"四大主体①;也有学者认为可以划分为"政府、社会组织、基层组织、市场主体和公民"五大主体②。本文结合上述学者观点并考虑到虚拟社会的特殊性,将参与式治理的主体划分为政府、平台和网民三大主体。

(一)网民参与互联网治理的实践

对于创新互联网治理体系而言,8.29亿网民是不可忽视的力量,他们作为虚拟社会的基础性节点,发挥着基础而广泛的作用。目前,网民参与网络空间治理的行为主要有以下几种形式。

1. 虚拟社区秩序的自发维护

"网络虚拟社区是基于一定的网络应用平台进行人际交流和互动结成的社群聚合,它吸纳了以个人主体性为支撑的个体参与和以网络社会关系为架构的群体协作力量。"③与现实社会中的社区类似,虚拟社会也由诸多不同的社区组成,由匿名个体构成的虚拟社区之所以能够长期存在和发展,除了相关法律法规的约束,还有赖于网民自下而上推动形成的一系列详细的规则制度。

例如创建于2016年的豆瓣"生活组"目前拥有37万名成员,组长由一名网友担任,制定了包括"不要发自拍""不要谈论明星八卦""拒绝脏话和恶意辱骂""拒绝除置顶推广外的一切广告"在内的16条组内规则,管理员会根据规则对组内发布的帖子进行一定程度的审核,如发现违反相关规则

① 项继权.参与式治理:臣民政治的终结——《参与式治理:中国社区建设的实践研究》诞生背景[J].社区,2007(5S):62.

② 邵静野.中国社会治理协同机制建设研究[D].长春:吉林大学,2014.

③ 蔡骐,岳璐.网络虚拟社区人际关系建构的路径、模式与价值[J].现代传播(中国传媒大学学报),2018,40(9):149-153,158.

的帖子,将进行删帖,对严重违规行为给予“拉黑且永远不予进组”的处罚。除了豆瓣,知乎、百度贴吧等社区同样以成员的自发维护为基础,在社区内部形成了良好的秩序,因此成为目前国内声誉较好、用户数较多、影响力较大的虚拟社区。

但是,我国虚拟社区数量众多,还有诸多社区尚未建立成熟的自治模式和详细的规则。另外,由于管理者由普通网民担任,公信力不足,导致社区成员的秩序遵守意识薄弱。

2. 不良内容的举报

群众举报这一历史悠久的社会治理手段在网络社会中依然应用广泛并且十分有效。国家网信办举报中心在官方网站、App上都设置了举报入口,并协调全国31个省区市网信办、2000多家主要网站开通了举报渠道。国家网信办举报中心官网显示,2019年4月,全国各级网络举报部门受理举报1206.2万件,环比增长9.5%。不少互联网平台也开通了举报功能,如2018年9月,“抖音与全国网警部门共同推出‘网警一键举报’机制,网友可在抖音上通过‘私信’‘评论@网警’等方式主动联系网警的巡查执法账号,对不良内容进行举报”①。网友举报具有广泛性和强大性,对打造风清气正的网络空间发挥了重要作用。但相较于海量网络问题而言,网民的举报力度有待加强。另外非常值得关注的是,网络恶意举报对举报作为参与式治理的合理性提出了进一步要求。群众参与监督,是体制外监督对体制内监督的一种补充,如何更好发挥作用有待进一步思考。

3. 公共事件的舆论监督

互联网时代舆论监督的门槛大大降低,微博、微信等社交媒体正在取代广播、电视等传统媒体,成为民意表达的重要渠道。“魏则西事件”是网民通过舆论监督的手段参与互联网治理的典型实践。首先,网民不满足于讨论公共事件,还会主动挖掘和传播信息,将魏则西事件推向高潮。引发全网关注的就是一位叫“消总”的网友发布的公众号文章《一个死在百度和部队医

① 经济观察报. 抖音推出“网警一键举报”机制,170家网警单位集体入驻[EB/OL]. (2018-09-14)[2019-10-20]. https://baijiahao.baidu.com/s? id=1611566255545271359&wfr=spider&for=pc.

院之手的年轻人》,其中梳理了魏则西从生病到死亡的来龙去脉。在“魏则西事件”的整个过程中,诸多来自网民的信息都领先于主流媒体,成为新闻报道的来源。其次,“魏则西事件”的曝光和舆论聚焦也加速了相关部门的介入和问题的解决。当网友纷纷将矛头指向百度和莆田系医院后,国家有关部门启动调查并入驻百度,随后开展专项治理工作。

近年来,“红黄蓝幼儿园事件”“范冰冰逃税事件”“长生疫苗事件”等诸多公共事件都最先发端于网络并引发全社会关注,随后相关部门介入,事件得到有效解决。但值得注意的是,网络舆论监督具有自发性和无序性,舆论场中一旦偏激或负面情绪占据上风,不但不利于原有矛盾的解决,而且还会引发新的矛盾。

4. 政务工作的主动参与

互联网的出现提高了网民政治参与意识,也为网民参政议政提供了新渠道。不少网民都积极利用互联网建言献策,充分行使宪法赋予公民的政治民主权利。

比如北京市城管局自 2012 年搭建“我爱北京”智慧城管政务平台到现在,不断强化创新驱动,应用新技术,推动城市管理向精细化、智能化、社会化发展,成功实现市民“自管理”和政府管理的有效融合。在“我爱北京”政务平台的首页,有两大板块,一是“官方发布:城管文件邀您共同完善”,该板块内公布了所有城管部门的相关文件,并在每个文件下方都设有“如果您认为本文件还有待完善,请编辑文件”的入口,网民可以随时进行补充;另外一大板块是“我要发布:城市管理我也有个提案”,网民可以对北京城市管理工作提出自己的意见和建议。目前该板块内共有 114 个网友提案,如“文明祭扫 平安清明”等。值得注意的是,网民参与政务工作离不开政府畅通网络问政渠道,目前网络问政平台建设尚存在区域发展不平衡、用户体验需加强等问题,需要持续推进一体化平台建设,加快推进政务信息资源开放共享,提升服务协同能力。

(二)平台参与互联网治理的实践

现阶段,互联网平台参与互联网治理的方式主要是在事前审查、事中监管和事后处置这三个环节进行平台秩序的维护和平台问题的治理。在事前审查方面,互联网平台一般在新用户注册时通过邮箱或手机号对用户身份进行核验,比如淘宝规定用户在选择会员名、店铺名及域名时"不得包含违法、涉嫌侵犯他人权利、有违公序良俗或干扰淘宝运营秩序等相关信息"。

在事中监管方面,互联网平台利用大数据、算法等技术对用户的使用行为进行监管,比如微信公众号后台会对每篇将要发布的文章和原创保护库的文章进行相似度对比,从而对原创内容进行版权保护。如果公众号未经授权转载或超过一定比例使用其他账号的原创文章,该文章将被强制变成分享模式,读者只有点进原链接才能阅读文章。

在事后处置方面,平台会对违法违规用户采取查封账号、下架作品等措施。2018 年年初,由于歌手 PG One 的不雅歌词造成巨大的负面影响,广电总局下令加强艺人管理,坚持"四个绝对不用"标准,即节目中文身艺人、嘻哈文化、亚文化和丧文化不用。此后十余天时间里,B 站、YY 直播、快手等平台纷纷对相关艺人进行封号管理,并下架相关视频。其中,YY 直播还发布了《关于进一步加强违规直播内容打击力度的公告》,公告中包含了一系列详细的规定。

平台是诸多问题发生的直接场所,在问题治理方面更加及时,在对平台秩序的规范和用户行为的约束等方面发挥了较好的协同治理作用。但整体来看,目前平台自治程度不高,覆盖面不广,诸多互联网平台都尚未建立完善的事前审查、事中监管和事后处置体系。另外,互联网平台由于自带商业属性,将赢利作为首要目标,因此在商业利益和社会责任发生冲突时,极有可能忽视社会责任,对很多问题视而不见。

四、5G 时代参与式治理的创新路径

(一)体制创新:完善多元主体参与治理的权责体系

长期以来,职责缺位、越位和交叉重复,导致互联网治理效果不尽如人意,无法形成合力进行有效治理。新时代对互联网治理提出了共建共治共享的全新理念,这意味着要加强制度建设,推动各治理主体切实履行职责。

对党和政府而言,多元主体的加入并不意味着弱化党和政府的治理职能,反而党和政府要承担更大的责任。改革开放 40 年来,我国社会治理之所以能取得非凡成就,就在于我们始终坚持走中国特色社会主义治理之路,其核心就是充分发挥党和政府在社会治理中的核心和主导作用。党的十九大报告也明确指出,“要完善党委领导、政府负责、社会协同、公众参与、法治保障的社会治理体制”。

因此,新时代政府在互联网治理领域的职能转变主要体现在以下几方面:

一是作为公共权力的执行者,要结合虚拟社会的新特征不断完善相关法律法规,确定参与治理的各方权利和义务。

二是提升政府自身的治理能力和效率,打破过去部门业务分割模式,建立新的部门联动、“一站式”工作机制。

三是做好公共服务的提供者,随着我国进入中国特色社会主义新时代,人民对美好生活需要的层次大大提升,政府要主动提供高质量的公共服务,如更宜居的生态环境、更充分的就业机会、更完善的医疗服务等,从源头减少社会矛盾的产生。

四是扮演好社会公共利益的维护者,以“掌舵者”的身份协调各方利益诉求,充分调动其他主体参与互联网治理的积极性,构建多元主体的参与机制。

互联网平台作为一种重要的经济组织进入大众的生活不过十多年的时间,由于平台发展速度极快,无论是相关部门还是平台自身,对于平台在互联网治理中应履行的职责都缺乏清晰认知,甚至在很长一段时间内我国都采用穿透治理模式,即政府越过平台直接对平台内用户的行为进行约束和规范,直到近几年,拼多多等电商平台充斥假货、以滴滴为代表的打车平台接连发生恶性杀人案、P2P 平台接连爆雷,互联网平台的主体责任才引起社会广泛重视。

当下,聚集着大量用户和资源的互联网平台具有很强的社会性与公共性,不仅承担着互联网治理的责任,也具备强大的治理能力。作为市场经济活动的参与者和组织者,平台对监管机构和平台用户承担着不同的治理职责。对监管机构而言，平台要遵守相关的法律法规和规范性文件的规定，自觉接受相关部门的监管，主动报告平台内的违法违规行为，协助监管部门开展治理活动，在法律允许的范畴内开展经济活动，处理好经济效益和社会效益的关系。对用户而言，平台要制定一系列详细规则，规范用户行为；建立投诉反馈和纠纷解决机制，保障用户的正当权益；还要建立内容审查机制，为平台用户营造和谐健康的网络环境。

普通网民是网络社会数量最多的主体，在互联网治理中应发挥基础性作用，但现阶段网民参与治理的难点在于网民的媒介素养普遍较低，参与舆论监督时具有明显的发泄性、非理性等特征。CNNIC 最新发布的报告显示，我国网民以中等教育水平的群体为主，受过大学本科及以上教育的网民仅占比 9.9%，而高中及以下学历的网民占比多达 81.4%，这意味着绝大多数的网民尚未接受专业的媒介素养教育。即使在高校，也并非所有学校的所有专业都开设了相关课程。但是有资料显示，英国、美国、加拿大等国家都已将媒介素养教育上升到国家战略层面，如英国《国家课程 2000》明确规定，将媒介素养教育纳入中小学各科教学内容中。因此，需尽快出台国家层面的政策，在全社会广泛开展媒介素养教育，并提供相应的资金及其他资源支持。对于网民而言，应自觉接受媒介素养教育，有意识地规范自己的互联网使用行为，提高自己的信息筛选能力和理性批判能力。另外，网民还要提高政治素养，积极有序地参与公共事务。

（二）机制创新：建立良好的互动协调机制

当下的网络空间治理总体上处于分散治理、局部协作的状态，在治理目标上缺乏一致性，在治理实践中缺乏协调性。相关职能部门、平台和网民三大主体治理互联网的过程并非泾渭分明、互相割裂的，而是彼此渗透、相互交融的，因此需要建立良好的互动协调机制，使多元治理主体有序地进行分工和配合，提升治理效率。互动协调机制应包括信息共享机制、互动机制及反馈和监督机制。

1. 建立信息共享机制

参与式治理的核心是多元主体的合作，良好的合作依赖于彼此信任，而

信息共享是建立信任关系的基础。当多元主体在治理的过程中产生利益冲突时，掌握信息更多的一方在对话、协商的过程中占据主导地位，信息不对称将导致信任危机及利益分配不均，直接影响治理的效果。

由于政府和平台角色的特殊性，它们掌握的资源和信息要远远多于网民，因而信息共享机制主要是对政府和平台提出的要求。建立信息共享机制首先要完善共享流程，打造集中统一的公布流程和简便顺畅的操作流程，降低检索查阅的门槛。一些政府部门和互联网平台公开的信息常常位于网站上极不起眼的地方，极易被忽视或者很难找到查阅入口。

另外，在信息共享内容上要加大覆盖面。2008 年实施的《中华人民共和国信息公开条例》明确要求政府机构及时、准确地公开政府信息，但在实际工作中，许多政府部门公开的信息往往局限于政策法规等宏观信息，在治理过程中很难为其他参与主体提供具体方向性的参考，因此共享信息要从宏观信息向微观信息延伸，从晦涩难懂的信息向通俗易懂的信息转变。

2. 建立互动机制

互联网治理是一个长期且动态的过程，这意味着多元主体在治理过程中要不断协调利益关系，联动解决问题。缺乏畅通高效的互动机制是导致目前参与式治理效果不佳的重要原因。例如，虽然不少政府部门都开通了政务微博和微信，但内容发布趋于程式化和模板化，与网友的沟通也仅仅局限于微博下方的评论回复，互动性不足，且尚未细化不同利益群体的意见表达渠道，导致网民的政治参与积极性不足。据环球网、澎湃新闻等媒体的报道，2019 年 4 月开始，国内多地陆陆续续开始清理整顿政务新媒体，广东、湖南、江苏、浙江、江西等地已经关停、注销了几百个政务新媒体账号，包括大量“僵尸号”“睡眠号”，其中南昌市国土资源局的微信公众号的最新一条信息停留在 2016 年 12 月 16 日，之后 2 年多再未更新。当然也有政务新媒体走向另外一个极端——过于迎合互联网文化，失去了政府权威性。共青团中央策划的“红旗漫、江山娇”引来网民不满后迅速下架，尽管迎合饭圈文化，但实则并未建立身份认同。

建立互动机制一是要建立双向互动渠道，如拓宽投诉举报渠道，建立新闻发言人制度，完善电子信息平台，整合微博、微信等社交媒体的资源等，保证多元主体间能随时随地无障碍地沟通。二是要统一互动符号工具，多元主体在互动过程中由于编码和解码采用的符号不一致，常常造成信息的理解误差，影响沟通效果，因此当搭建好双向互动渠道后，要进行广泛宣传，提升多元主体的互动意识，并规范互动流程。三是要弱化互动机制的形式化，当下政府与平台、政府与网民，以及平台与网民之间的沟通主要出于“面子工程”以及维护企业形象的目的，很难达到实质的沟通效果。互动机制要以最终效果而非形式为导向，在多元主体间建立平等的沟通关系，减少信息传递的环节，强调沟通的及时性和信息的真实性。

3. 建立反馈和监督机制

在治理机制中，反馈机制的重要性显而易见，不仅可以评价参与式治理的效果，还可以根据反馈情况对不足之处进行针对性的改进和调整，从而达到最佳的治理效果。监督机制和反馈机制同样重要，参与式治理的特征之一是赋权，为防止权利滥用，必须对权利进行制约和监督。

监督机制应包括内部监督和外部监督，内部监督指各治理主体之间互相监督，保证各方在治理过程中的公平公正，防止越界以及不作为现象的发生，避免各主体的合理利益受到侵害。外部监督则指引入第三方评价机构，“让专业的人做专业的事”，扫除政府知识盲区，不以行政化思维指导专业业务。

（三）手段创新：善用新技术提升互联网治理能力

2017 年 12 月 8 日，中共中央政治局就实施国家大数据战略进行第二次集体学习，习近平在主持学习时强调：“要运用大数据提升国家治理现代化水平，要建立健全大数据辅助科学决策和社会治理的机制，推进政府管理和社会治理模式创新，实现政府决策科学化、社会治理精准化、公共服务高效化。”①大数据时代的到来，为互联网治理提供了新思路和新手段。

---

① 新华网. 习近平：实施国家大数据战略 加快建设数字中国[EB/OL].（2017-12-09）[2019-11-05]. http://www.xinhuanet.com//2017-12/09/c_1122084706.htm.

善用新技术加强互联网内容建设。当下,基于大数据分析和算法技术精准分析用户偏好,进行内容生产和分发成为众多互联网平台获取商业利益的重要手段,但随之也使低俗、色情、暴力等不良信息泛滥。针对互联网不良内容野蛮生长的难题,政府有必要出台相关法律法规,采取行政手段对平台的算法推送机制进行适当引导,推动其形成合理善意使用新技术的意识。

另外,政府要引导平台建立完善的监管机制。平台作为网民参与网络社会活动的直接场所,掌握着第一手数据资料,因此可以利用大数据技术、构建算法模型对平台内部实行全天候、全范围监管,对平台上的违规行为进行精准打击,从源头上把控不良信息,并优先推送优质的正面内容。如2019年6月24日,一则“深夜一女孩遭男子拳打脚踢、撕扯衣服、拖行”的视频引发社会关注,某网友在知乎平台上“如何看待网传视频女子遭男子暴打扒衣拖行”的匿名回答中以充满恶意的描述吸引眼球,宣泄不当情绪和价值观,知乎团队监测到后对该回答进行了删除、禁言处理,并将用户信息上报了公安机关。这就是平台利用新技术,与政府协同治理的良好示范。

善用新技术治理网络舆情。网络舆情自诞生以来就具有数据体量大、内容复杂多元、更新速度快、实时性强的特征,因此必须充分利用大数据和人工智能技术。相应的解决方案已经较多,不再赘述。

五、公共卫生事件中的舆论引导实践印证——以新冠肺炎疫情为例

新冠肺炎疫情舆论引导,成为全面检验协同治理实效的典型范本。

公共卫生事件作为重大突发事件有其特殊性。就事件本身性质而言,公共卫生事件的风险系数、持续时间、研究周期、复杂程度都远高于其他重大突发事件。相对于某一行业、地区的重大突发事件,公共卫生事件的波及范围更大。各级党委和政府、各部委、企事业单位、官方媒体、商业媒体、自媒体、各项工作的责任人、专家学者、普通医生、确诊/疑似患者、普通网民……全都成为舆论场中的构成要素。由于所有个体、组织都是利益攸关方和舆论主体,公共卫生事件的舆论系统构成更为复杂。在媒体融合的现

实语境中,信息的流动将海量的舆论主体连接成一个全员参与、网上网下多维互动的复杂系统。任何一个舆论主体、细节信息都有可能扩散成影响全局的舆情事件。

根据北大可视化与可视分析实验室研究报告:从2019年12月30日起,微博用户对新冠肺炎疫情的关注随着疫情的严重程度呈逐步上升的态势,2020年1月21日开始大幅度增加,1月23日后有关“新冠病毒”“肺炎”关键字的新闻稳定占据了人们信息生活的80%。①

公共卫生事件的舆论引导,需要与其特殊性相适配的舆论引导架构。笔者认为,从网络属性上看,舆论引导首先要理解互联网技术动态定义的时代语法、底层叙事,对传播技术进行积极恰当的归化运用。在此基础上,还应积极推动各个舆论主体打破旧有边界,协同应对,建设立体复合的舆论引导架构。

(一)立体复合的舆论引导架构

2003年“非典”疫情期间,尽管手机已经广泛普及,但“尚无通过手机上网的用户及其统计数据。手机主要是作为通讯工具而存在的,与互联网尚未发生联系”②。舆论引导的主要阵地是以央视为主的主流媒体。处于三网合一推动阶段的电视难以直抵移动用户,同期的网站也还处于未接入移动互联网的Web1.0阶段。手机与主流媒体、各大网站三个子系统间反馈路径长,且彼此缺乏连接,实际上是三个信息交换有限的局域网。受限于技术条件,当时的舆论引导主要侧重信息文本,如信息公开与回应关切,无法从平台调度上实现多线性模式的子系统协作。从中央至全国的信息跳转需要经过若干中介节点,有较为明显的工业化线性单向度网络痕迹。

相比之下,通过灵活调度5G、人工智能、大数据、物联网、云计算等新技术,新冠肺炎疫情的舆论引导可以实现所有舆论主体全员动员,呈现出中央

① 北大可视化与可视分析实验室. 央视新闻微博分析[EB/OL]. (2020-03-06)[2020-11-07]. http://vis.pku.edu.cn/ncov/media.html.

② 丁柏铨. 重大公共危机事件与舆论关系研究:基于新媒体语境和传统语境中情形的比较[J]. 江海学刊,2014(1):200-207.

部署去层级、部门合作去边界、网络群体自组织的积极变化。三者在不同维度各司其职又互相协同,从点线面的单向度网络向“多层次、高效率的共生网络”①转化。基于这一架构,舆论引导的实践路径与操作理念有了更大的拓展空间。

1. 纵向抵达:全样本、全流程的政府信息公开

信息公开是保证两个舆论场信息均衡、舆情总体稳定的基础。在此次疫情的舆论引导中,相关部门精准把握媒介发展前沿,积极协调热门流量平台,减少发布者与接收者之间的跳转次数和层级,以最短路径避免信息凝滞与变异。2020年2月1日,新闻联播首次在微博上同步直播。2月14日,广电总局开通首个抖音号发布科学防疫等科普知识。这让中央权威信息得以全网覆盖,从各个渠道第一时间直抵网民,最大限度地保证信息的及时、透明、公开。

由中央网信办(国家互联网信息办公室)违法和不良信息举报中心主办,新华网承办的中国互联网联合辟谣平台共同发起“抗疫时期,勿让谣言混淆视听”②行动,联合新华社、人民日报社、环球时报社、新京报社、北京日报社等单位开展多次联合辟谣,及时回应微博微信中的谣言。多家中央媒体纷纷联合各类商业媒体开辟实时辟谣版块,帮助民众科学抗疫。腾讯、新浪、网易、澎湃等新闻平台,甚至抖音、支付宝等功能性平台也同时开放了同类功能。多家单位协同,为广大网民提供一个清澈的网络舆论环境,缓解民众的恐慌情绪。

大数据将政府信息发布的信息量提升到全样本级别,也将舆论引导从提供新闻转向提供服务,从整体告知转向个体定制。工信部成立疫情防控大数据专家组,密切监督人员流动情况,将数字技术应用于物资调配、市场供应等方面。百度基于人流大数据推出“全国城市迁徙地图”,便于个人根据实际情况避开人流、安全出行。地图日浏览量达2亿至3亿。数据可视化的实时性、多维性,使用户避免因单点信息频繁刺激而产生情绪波动。卫健

① 程鹏.生态原理在信息循环系统中的应用研究[J].科技创业月刊,2007(8):141-143.

② 参见中国互联网联合辟谣平台,http://www.piyao.org.cn/2020-02/11/c_1210468479.htm。

委联合腾讯发布“全国发热门诊地图”,在微信即可搜索定点医院,地图覆盖全国 363 个城市,1.2 万家医院。“同行者查询”则用搜索代替公示、用服务补充告知,使公众从滞后的被动获悉变为前置的主动查询。相比传统结构化报道,基于大数据的个人化信息服务体现出更多的人文关怀。

5G 直播,则将政府信息发布提升到全流程级别,也将舆论引导从输出观点转向输出事实,从重点通报转向全程展现。传统电视新闻受制于体量,需要从海量信息中遴选议题,对事件进行重组。而云网融合使央视频得以通过 5G 网络传输高分辨率节目流,以“24 小时慢直播”的形式全程呈现火神山、雷神山的施工现场。长镜头的场域信息、大景别的宏观视角,让网友在沉浸式体验中与事件现场同步,并自行推导结论。直播期间,超过 8000 万网友主动轮班“云监工”,境外网站“潜望镜”、YouTube 等也提供直播,吸引了数十万人观看。他们共同在无声的画面中见证了中国速度与众志成城的中国精神。虽然直播中并不包含明确的观点,但行动高于态度,事实胜于雄辩。

“湖北广播电视台长江云通过中国广电提供的 5G 信号向全网直播了湖北省抗疫新闻发布会,实现了广电 5G 在抗击疫情最前线的全球首次实战应用。”①5G 高带宽、低时延的特点能够使观看直播的民众感受到更强的现场感,并且在 5G 技术支持下,发布会首次采用了远程视频提问方式减少人员聚集带来的可能风险。

从“我在看”到“我在场”是对观众从旁观者知情权到当事人监督权的赋权升级。从符号学的角度看,真正实现建设性舆论引导的是画面之外的所指。5G 全程直播意味着无死角的信息公开,体现了政府在疫情中主动搭建渠道接受舆论监督的坦率、担当与魄力。

2. 横向联动:舆论引导的关系协调与资源调配

狭义的舆论引导更多是宣传部门、涉事责任部门的事后处置,一事一议。而上升至公共卫生事件级别的国家级舆论引导,是全体部门共同协作

---

① 中国记协. 广电 5G 在湖北抗疫一线紧急开通 长江云首次实战应用[EB/OL]. (2020-02-03)[2020-03-05]. http://www.zgjx.cn/2020-02/03/c_138751609.htm.

且部门原有职能板块发生一定程度的迁移，使得部门间产生更大的边界重合。舆论引导的重心则从信息层面的新闻管理向组织关系协调、社会资源调度倾斜，包含事前事后、线上线下的信息乃至物质资源调配。

首先是统合部门间的协同发布，确立疫情期间新的信息秩序。在新的格局中，政府权威信息发布仍然有核心作用。卫健委、人力资源社会保障部实时更新各类发布会，回应民众关切问题，自 2020 年 2 月 7 日起，国务院联防联控机制新闻发布会平均每天召开 1—2 场，15 日更是连开三场。在及时同步信息的同时，充分体现出中央对这次疫情的高度重视，稳定了网络情绪。2020 年 1 月 22 日至本书截稿日，国务院联防联控机制、省级行政区共举办新闻发布会 550 余场。其中联防联控机制涵盖的部门共 32 个，所发布的“疫情防控、医疗救治、科研攻关、宣传、外事、后勤保障、前方工作”①等信息全面覆盖了疫情相关领域。针对群众最关心的疫情救治防控，各级政府解答宏观政策，卫健委及疾控中心回应救治情况，医院及医疗专家公布研究进展。针对疫情后期的复工复产安排，财政部、文化和旅游部等公布国家部署，各大银行、担保集团等回应经济及保障情况。各部门的联合信息发布从业务角度做到了针对性，避免因缺乏协同而产生的信息混乱。

与此同时，在新技术平台的基础上，不同责任主体打破旧有业务界限和思维范式，跨界合作，推动了政府信息发布的及时性、透明性，共同助力疫情期间的舆论稳定。在对舆情增量进行处置的同时，子系统间的协同能够有效降低舆情存量，保障舆论总体稳定。在联防联控机制及时回应社会关切的同时，多部门积极进行资源调配，舒缓因正常社会生活“暂停”导致的不良情绪。2020 年 1 月 24 日起，国家广电总局紧急协调，向湖北地区、全国各级广播电视台免费提供优质版权内容。3 月 5 日，国家广电总局再次组织“7 家互联网电视平台、6 家重点网络视听网站、湖北 IPTV 分平台，开展湖北人民免费看网络视听公益展播活动”②。除了主动丰富群众精神生活，减少谣

---

① 新华社. 国家卫生健康委会同相关部门联防联控 全力应对新型冠状病毒感染的肺炎疫情[EB/OL]. (2020-01-22) [2020-02-04]. http://www.gov.cn/xinwen/2020-01/22/content_5471437.htm.

② 国家广播电视总局组织开展“湖北人民免费看”网络视听公益展播活动[EB/OL]. (2020-03-05) [2020-04-25]. http://news.cctv.com/2020/03/05/ARTIAZzMij4A3dDkoRMZqwpk200305.shtml.

言滋生空间,有关部门还积极调度当下最新形式的网络学习资源,为居家隔离的空闲时间赋予建设性价值。教育部推出近万门免费课程,为疫情防控期间“停课不停学”提供支持;央视频联合学而思等多家教育机构发起免费线上直播课程;人民网慕课与壹心理等品牌共同发起“十万个在线教室”公益行动;工信部依托“学习强国”等平台免费开放重点课程,鼓励广大劳动者参与线上职业技能培训。

上述举措虽然不是舆论引导的前沿阵地,但是对于舆论系统的整体稳定起到了重要作用,丰富了舆论引导的实践层次。如新冠肺炎疫情舆论引导工作所示,公共卫生事件的舆论引导不仅需要狭义的新闻报道、事件定性等政府信息发布维度的调控,还需要各部门进行广义的资源调配。这益于部门间的边缘效应。“在两个或多个不同性质的生态系统(或其他系统)交互作用处,某些生态因子或系统属性的差异和协合作用,能够引起系统某些组分及行为的较大变化。”[①]在交界区域,各部门交融成为能量共生有机体,重叠部分产生的加成效应提高了舆论引导效率。

3. 网络自愈:网络自组织的涌现

相比于手机 2G 网络运营的 2003 年“非典”疫情,新冠肺炎疫情发生在 4G 与 5G 交接的过渡阶段。网络基础设施建设、网络普及率、传播主体构成已经发生了质性变化。虽然政府新闻发布会、各主流媒体依然是主要舆论阵地,但传播权已经逐渐由专业媒体向各个商业媒体、自媒体、网民自组织群体转移;作为信息消费主体的网民,也体现出更多能动性,并对信息内容与形态提出了更高要求。新的媒介环境之中,“思想、言论等信息可以在短时间内迅速聚集,大大缩短了社会舆论从生成到发酵的时间”[②]。

舆论引导的主要阵地是互联网。传统舆论引导重视网民舆论监督的能动性,在一定程度上将引导主体和被引导客体进行二元划分。这种看法默认受众彼此缺乏系统联络,呈随机网络的状态,更适用于广播式的舆论引导体系。但互联网时代,特别是公共卫生事件中,网民作为利益攸关方,通过

① 王如松,马世骏. 边缘效应及其在经济生态学中的应用[J]. 生态学杂志,1985(2):38-42.
② 陈盼. 新媒体时代如何构筑舆论引导高地[J]. 人民论坛,2019(32):126-127.

多种方式产生线上聚集,形成不同议题的临时群体,呈现出拉康提出的主体间性,即主体并非孤立存在,也并非在"主""客"对立中存在,而是在多主体合作中形成交互关系。网民不仅是被引导的客体,也是主动进行引导的主体,两种属性不可割裂。整体大于部分之和。复杂系统涌现下的网络群体自组织,更呈现出信息收集、情绪疏导等有助于舆论引导的建设性行为。

其中,较为典型的是网民自组织编纂的舆情处置文件《疫情舆论汇编·雷火明书》。2020 年 1 月 30 日,该文件只有 36 页,2 月 2 日扩充到 91 页,截至目前已有 200 页之多。文件内容逐步丰富,实用性不断加强,逐步涵盖官方政策,企业、民生动态,求助与救助,防疫知识,辟谣等诸多方面。2 月 2 日版加入的关于社会心态的分析,使得该文件不再局限于二手信息的整合,开始呈现集体智慧的思辨性。

在自发抗疫方面,程序员群体利用技术手段、数字化优势支援抗疫,在 GitHub 等平台充分利用开源代码及共享数据库,基于 GitHub 开源和全球分布式协作模式,创建了名为"wuhan2020"的仓库,目前为止已有 57 名网友自发建立存储库,可查由网友自发组织编纂的包括医院、酒店、物流、生产以及捐赠物资与款项等信息。另有程序员利用爬虫工具、API 核验等发现诈骗捐赠物资行为。武汉程序员建立湖北医疗物资需求平台,辅助资源对接。

在自我规劝方面,自媒体生产的内容更具创意和接近性,互相激发形成链式集聚创作。自媒体"@ ELe 实验室"用 Java 语言模拟病毒扩散及被控制趋势,以数据化思维、可视化形式呈现,并用自制视频讲解为什么不能出门,实现自我规劝。该视频被人民日报新媒体端转发,有近 3000 万人次观看。诸如此类的自我规劝还体现在短视频平台中,各地村委会的喊话在短视频平台传播,成为热门后,网友纷纷以各地方言自制喊话内容,其内容或粗犷或温和,均兼具趣味性和新闻性,以诙谐、朴实的方式响应"少出门、少聚集"的号召。

除了基于事实的主题性讨论,还有基于情绪形成的情绪共同体。在很多案例中,网民表现出极强的国家认同感、民族自豪感。网民在微博话题区以社交媒体内的弱连接共情为驱动,进行集体互动和正能量传播。微博话题"为热干面加油"中,上千位博主文字整齐划一,将武汉热干面和地方特色置于左右两侧,合成一碗面,以多图集锦的方式展现全国各地为武汉加油的热情。抖音中诙谐幽默的对居家隔离生活的展示与模仿,也在形成情感共鸣的同时传递了积极乐观的生活态度。

虽然是临时群体,但上述团队依然组织清晰、运作高效、反应迅速。还有很多其他民间网络组织在疫情期间表现出高度的社会责任感和奉献精神。圈层内的文化流动实现了群体默契下的自愈,个体之间通过生产内容与反馈交流实现自发的规劝、鼓励。在短视频、音乐、动漫等领域,网民自媒体化的内容生产为舆论系统增加了一个负反馈机制,从无序的随机网络演化为有序的自组织网络,也增加了系统的稳定性。

(二)公共卫生事件舆论引导的合作关系与技术归化

公共卫生事件作为外界控制变量的介入,对社会系统原有的有序平衡状态产生巨大扰动。其特殊性在于,疫情的出现及后续变化难以预判,需要系统持续、动态地进行相应的调整优化,建立新关联、形成新架构以适应新变量。在这一过程中,"子系统通过协作在宏观尺度上产生空间、时间或功能结构,通过序参数的引导机制推动系统实现……从有序到新的有序的转变"①。从舆论引导的角度看,序参数对舆论宏观稳定起重要作用,即各舆论引导主体之间的协同程度成为影响系统稳定性、适应性的关键变量。

新冠肺炎疫情舆论引导的成功经验之一,就在于把握住了复杂系统应对控制变量的关键——提高序参量。相关部门合理推动各子系统间的有效协同,使之在非线性相互作用下,产生超越单一子系统以及各子系统简单相加的整体效应,"形成一个彼此关联、整体功能不等于个体功能简单叠加的社会有机现象"②。从具体操作上看,笔者认为有两个关键。

其一,鼓励不同层级的系统、同层级的子系统间进行双向对话,加强信息连接。特别是类似新冠肺炎疫情的重大突发事件,政府与媒体、媒体与媒体、媒体与个体、个体之间应该进行积极的信息交换,通过信息流动促成共

---

① 王贵友.从混沌到有序:协同论简介[M].武汉:湖北人民出版社,1987:11-15.

② 喻国明.关于网络舆论场供给侧改革的几点思考:基于网络舆情生态的复杂性原理[J].新闻与写作,2016(5):43-45.

识。例如国务院办公厅利用国务院"互联网+督查"微信小程序,面向社会征集疫情有关线索,建立了体制内监督与体制外监督的对话渠道。中央主流媒体多次采纳自媒体内容进行二次发布,不仅丰富了传播语态,也为自媒体创作注入活力,实现了个人与组织的直接互动,中央与网民的直接对话。

中央主流媒体传递党和政府的声音,形式上主要以口播新闻、专题片、采访连线为主,内容上主要聚焦党中央重大决策部署、疫情发展态势、具体应对措施、辟谣以及防疫相关健康知识等。这些严肃新闻正面回应了社会关切,把握住了舆论的大方向,但从舆论引导的全局看,有限的体量、宏大的视角,难以完整呈现疫情中的海量细节。而舆论引导中主观的情绪疏导与客观的信息发布需要兼顾,硬新闻的宏大叙事缺少共情点。

与其他平台合作、协调全媒体内容发布、进行差异化布局,成为大量主流媒体采纳的引导方式。央视新闻的官方抖音号、人民日报微博等平台,除平行发布实时的官方信息外,也着重呈现疫情中普通人的生活,从小处着手,带给人们温暖和感动,调整疫情阴霾下的负面情绪,引导人们从特殊时期的生活中发现身边的真情、思考人生的意义。火神山医院护士吴亚玲得知母亲过世后泪如雨下,向着家的方向三鞠躬的视频获赞1300多万,感动了大量网友。武汉市肺科医院住院时间最长的患者许世庆出院后感慨,"一个健康的身体,就是生命最大的自由"。人民日报微博上,84岁的抗美援朝老兵张爷爷患上新冠肺炎,老伴因照顾他染病,白发苍苍的两人住进火神山医院仍相互依偎照顾。重大突发事件面前,生活中点滴的瞬间可以呈现出人性底层的动人情感。

此类信息在央视新闻官方抖音号中大概占据五分之一,人民日报微博中大约占八分之一,均取得良好效果。一些看似无关全局的细节,却是全国人民众志成城最具体生动的注脚,是对疫情下人性真善美的生动诠释。如果说硬新闻发布更能体现从上至下、有既定主题的引导思路,那么上述差异化发布则是由下至上、非主题先行的引导思路,是必要补充。正如各个平台评论区被"武汉加油,中国必胜"刷屏所示,由正能量聚集的情绪共同体有助于营造健康的舆论氛围,让每一个人都坚信下一个春天将如期到来。

进一步看,对话机制能够深入到闭合圈层,促成小众圈层话语与主流话语之间的和谐统一。“丁香医生”微信公众号的粉丝主要是关注健康医疗的群体，但其首发的“疫情地图”突破圈层，获得大量转发，合作方逐步扩大到人民日报、学习强国等国家级平台。自媒体、网络自组织、企业开发的疫情地图及查询服务，正是基于各级政府的公共数据得以实现的。知乎、B 站等原本具有相对闭合性的粉丝群体也基于粉丝文化，自制了大量理性、正能量的内容。优质自媒体的影响力也因此不只局限于圈层内部，由群体走向大众。

其二，重视系统的基础架构、技术归化。技术归化指的是新技术进入应用阶段后，需要经过一个与社会适配的过程。“使其从陌生的、可能有危险的东西转变成能够融入社会文化和日常生活之中的驯化之物……表现在网络发展进程中则是对网络工具的社会选择和引领作用。”① 正如何明升教授指出的，技术归化是高风险社会治理的必要环节。在公共卫生事件的高风险系数之下，各系统要素对新技术的调度水平极大地影响着系统内的信息交换效率、信息对称性，进而影响了子系统间的协同效率及系统总体的稳定性。这就使技术归化作为社会治理环节的重要性得以进一步凸显。

新冠肺炎疫情成功的舆论引导，证明了对最新媒体技术的合理、充分调度，能够缩短舆论系统“有序和随机之间的复杂适应过程”②。技术的快速迭代，要求舆论引导不断关注媒介技术前沿、理解媒介语法，并灵活调度网络资源，用互联网来化解互联网风险，用发展来解决发展中的问题。

互联网以虚拟空间为基础还原了物理世界，在即将大面积铺开的 5G 平台上，互联网还将以物理世界为基础构造新的应用场景。物联网、智能媒体、VR 等都具有泛媒体属性，这使得舆情的主体关系、生成逻辑、传播路径在内涵与外延上都发生了改变。舆论引导的本质不是狭义的信息引导，而是广义的人员、平台、资源调度，要处理的核心也不仅是单一的舆情事件，而是在更大时间维度上协调不同的关系。

舆论引导的时空维度被进一步拓展。此次疫情中，传统意义上的传播

---

① 何明升. 中国网络治理的定位及现实路径[J]. 中国社会科学，2016(7)：112-119.

② 曲飞帆，杜骏飞. 复杂系统论：中国网络舆论研究的范式转向[J]. 南京社会科学，2017(11)：107-114.

技术已经不仅仅服务于内容生产,更贡献于事件处置。5G、云计算、人工智能为远程诊治、药物研发、病毒检测提供了高效的技术支持;AR眼镜设备及相应配套应用软件,实现了远程协助、后台调度与图像追踪;无人机巡逻、机器人配送、AI智能测温等实现了治理疫情与自我防疫之间的平衡;区块链与物联网等技术的结合,在商品溯源领域发挥了作用。

随着网络的社会化向社会的网络化演进,舆论引导主体存在扩增趋势。在舆论引导架构中,三大运营商的职能及主体作用也发生一定程度的改变。运营商、互联网企业及科技公司等都成为穿引社会生活的基本支撑,密布舆情触点,成为舆情处理的直接主体。基础电信企业开展网络化、智能化的远程设备管控,并依托工业互联网实现物资供需的高效对接。其作用从物理层渗入应用层,参与到治理与舆论引导的具体环节中,开放且遍布全国的云资源辅助实现数据汇集、智能分析、视频监控与存储。中国移动推出的云视讯,可用于远程会议、直播等。工信部、商务部均提出各企业应通过网络促进劳动对接,拓展新商业模式。电力电网公司从用电角度对网络使用情况进行监测,如国家电力杭州公司开发大数据分析算法,获得居家隔离人员具体信息并有针对性地开展服务,预测复工趋势。

种种迹象表明,新技术的赋能不再只表现、作用于信息端的新闻报道与传播。从时序上看,传播技术不仅不独立或滞后于疫情处置,而且开始深入舆情源头,与一线医疗、警务、保障等系统同步进入舆情核心,参与疫情处置。在公共卫生事件中,传播技术同时作用于疫情处置和舆情处置。这或许意味着舆论引导时空维度的前置、管理纵深的拓展——从新闻管理拓展到信息管理,从舆情处置深入到疫情处置。这是否有可能改变未来公共卫生事件的舆论引导架构,尚有待进一步观察。

但需要警惕的是,虽然吸纳新技术、强调互动、拓展主体,是构建舆论引导格局的可拓展路径,但舆论引导的创新并不意味着基本原则的改变,应时刻明确舆论引导的初衷,回归服务国家建设、百姓福祉的恒定主题。

应从本质上追求价值的流量,而不是从形式上追求流量的价值。强调让有价值的文本广泛传播,促进信息公开,形成社会动员。基于价值的流量才有价值,各类适应互联网信息消费习惯的形式创新才有意义。但是这一逻辑不能调转过来,把流量作为追求的首要目标,为了传播而传播。只看到数字的意义,容易偏离重大突发事件舆论引导的初衷。

以舆论引导的时度效为例,一些报道策划虽然有创新处但用力过猛。此次疫情中,以饭圈打榜进行网络聚集的策划,脱离了疫情中最需要被关注的主体,尽管采纳了非常符合当下网络热点的二次元圈层文化形式,但最终引起了网民的反感。本就经济困难的老人为疫区慷慨捐款,这种无私行为本身让人感动,但在社交网络上反复宣传同类新闻、歌颂其中的大爱,也让很多网友提出合理性质疑。这毕竟超出了捐款老人作为弱势群体的社会义务范畴。其背后更大的问题在于舆论引导的过程中,还存在局部的纵向责权不清、横向关系不明等问题。一些本不需要进行内容发布的职能单位、基层单位,纷纷入驻抖音、微博、B站等热门流量平台,高频次发布互联网风格的视频文字作品。作为舆论引导的非必要主体是否生产了冗余信息、进行了非必要的议题强化,甚至其创意创作成本作为社会公共资源是否构成某种意义上的浪费,值得进一步关注。

第三章　5G 开放后的网络空间治理主体与模式变化

本章摘要

5G 时代网络治理扩展到社会治理层面，网络空间治理主体和模式面临创新。本文从国内和国际治理机制演变历程入手，分析变革的内部逻辑，通过 5G 技术特征预测目前模式面临的挑战，从革新规律探析未来主体旧部门技术化、新技术部门化的路径，并结合网络科学、协同学观点探索从网络治理行政化到行政治理网络化的模式变迁。

5G 最大的特点是“超连接”与“零时延”。根据国家电信联盟（ITU）归纳的 5G 将具有的三大应用场景，除了提到过的增强移动宽带（eMBB）、海量机器类通信（mMTC）之外，超高可靠低时延（uRLLC）是第三大应用场景。后两者的应用，将使物联网在 5G 时代实现真正的“落地”，从而实现移动互联网走向产业互联网，构成智能经济存在的连接基础。

同时，5G 作为互联网基础设施，将带动大数据、算法和云计算等新技术群落集体崛起，为智能经济提供技术支撑。智能经济的突破在于真正实现供给与需求之间的连接与匹配。深入发展“智能+”战略，引导智能技术赋能经济高质量发展已经成为近几年国家重要的发展战略。“国家‘十三五’规划纲要明确要求启动 5G 商用。《“十三五”国家信息化规划》提出 5G 技术研发和标准制定取得突破性进展并启动商用的发展目标,并将开展5G研发试验和商用,主导形成5G全球统一标准列为重大任务。"[①]"2019年发布的《关于促进人工智能和实体经济深度融合的指导意见》,已经提出要构建数据驱动、人机协同、跨界融合、共创分享的'智能经济形态'。"[②]中国信息通信研究院测算表明,在"十四五"期间,5G叠加新兴技术,将拉动中国经济增长15.2万亿元。《5G经济社会影响白皮书》显示,"2030年,在直接贡献方面,5G将带动的总产出、经济增加值、就业机会分别为6.3万亿元、2.9万亿元和800万个"[③]。

2019年6月,工信部向三大运营商及中国广电发放商用牌照。同年10月31日,三大运营商公布套餐细则,并于11月1日进入客户应用阶段。随着我国进入5G元年,人工智能、工业互联网、物联网等将成为新型基础设施,网络将成为穿引基本社会生活的织线。相应地,5G语境中的网络综合治理体系应与新时代"共建、共治、共享"的社会治理格局相结合,但针对5G技术的发展和治理,还需要进一步丰富完善现有治理体系。

一、从信息生态、网络生态到社会生态的变革

回顾中国网络发展的重要节点即可发现,5G作为重要节点并非孤立存在的。从1G到3G是无线通信技术的进步,语音通话质量和数据通信容量得以提升,实现信息生态的变革。4G是网络终端的演进,手机上网人数超过电脑,实现网络生态的变革。5G具有高速度、低功耗、低时延的特征,带来万物互联的社会,实现社会生态的变革。

保罗·莱文森从技术与现实关系的角度提出,"媒介技术能够创造性地重塑和表现现实世界,并在此基础上创造新的现实"[④]。生态变革必然带来

---

① 国家知识产权局. 5G标准制定:专利权主导话语权[EB/OL]. (2018-06-19)[2019-11-19]. http://www.sipo.gov.cn/mtsd/1125357.htm.

② 潘晴晴. 智媒时代新闻媒体的价值理性研究[D]. 济南:山东师范大学,2019.

③ 中国信息通信研究院. 5G经济社会影响白皮书[EB/OL]. (2017-06-15)[2019-11-24]. http://www.199it.com/archives/602110.html.

④ 莱文森. 莱文森精粹[M]. 何道宽,译. 北京:中国人民大学出版社,2007:4.

破坏性创新，挑战原有的治理模式。5G 带来的冲击主要源自两方面：网路主体扩容和网络层级融合。

（一）主体：多方合作建网，治理对象遍在化

1. 网络建设的参与者总量大大增加

5G 已被我国纳入国家战略，成为国家创新战略的重点。各试点均积极铺设网络，建立基站。电力资源、运营商、互联网企业、设备及终端制造商等都参与其中。各行各业的深度参与，已经成了主体动向的预演。如在新冠肺炎疫情中，三大运营商开放全国的云资源，辅助实现数据汇集、智能分析、视频监控与存储等。电力资源行业提供基础用电设施，辅助网络搭建。阿里巴巴动员国内产能，协调各地加急生产医疗物资。设备制造商向抗疫第一线输送 AR 眼镜设备及相应配套应用软件，实现远程协助、后台调度与图像追踪。

从网络科学的角度看，目前我国网络主体关系呈现了典型的无标度网络特征。“少数称之为 Hub 点的节点拥有极其多的连接，而大多数节点只有很少量的连接。少数 Hub 点对无标度网络的运行起着主导的作用。”①从计算机投入使用到互联网传入中国并逐渐赋权，党和政府一直是最大的网络核心枢纽。长期以来，这一结构在凝聚群众、塑造文化、把控不良信息等方面起到了积极作用，但随着 5G 对社会运行机制的重塑，运营商在社会运行中的贡献及治理权重也会有所增加。如果不扩增治理主体，将面临负重太重、治理疏漏的问题。

2. 治理对象普遍化

以往的网络空间治理针对信息，社会治理针对线下实体。网络本身只是作为底层技术辅助业务创新，如互联网+政务、互联网+医疗等。而 5G 时代万物互联，网络社会与现实社会之间的界限不再清晰，网络的社会化开始向社会的网络化过渡，“人”与“物”的新关系也将带来治理模式的改变。

---

① 陈清华. 解读幂律与无标度网络 网络科学入门[EB/OL].（2018-04-14）[2019-11-25]. https://mp.weixin.qq.com/s/5fuNb_K8yx7jj_dsWj6LNA.

“当前，中国有 167 个城市超过百万人口。”①“自 2013 年推广智慧城市建设以来，中国已有 600 多个城市、10000 多家企业参与其中。”② 5G 助力智慧城市建设，将在人—物连接、物—物连接中带来社会景观变革。“5G 比 4G 实现单位面积数据吞吐量增长 100 倍……将分布广泛且零散的人、机器和设备全部连接起来，构建统一的互联网络。”③这使得 5G 的应用场景在日常生活和工业制造中弥散极广。

在基础业务方面，高清视频、AR、VR、物联网等兴起。在垂直产业方面，5G 与交通、工业等行业融合，形成新兴服务模式与生产方式。在应用场景方面，智慧奥运、智慧港口等使得数字化成为城市治理的主要途径，社会以网络互联。当物联网、人工智能、传感器得以普及，社会互动的主导形式或将从人—人交流变为物—物传播。智能化的“物”将成为普遍的终端。人作为终端的使用者，其行为将体现为物的行为，人的存在将以数据的形式呈现。因此，治理或将向以物治物、以物治人的间接模式转变。

可设想将场景具象为智慧社区。不法分子控制智能机器人进入社区，智慧灯杆等设施捕捉到可疑行径后，将数据上传至中控室，中控室的报警系统直接被触发，对违法机器人及其操纵者采取措施。在此过程中，人居于后台参与社会活动。将此发散到生活、通信、工业等各类场景中，5G 在带来更大便利的同时，也带来治理对象遍在化的挑战，以往主体将面临无法全面治理的问题。

3. 数据跨境流动的体量大幅提升

“数据跨境流动，是指通过各种技术和方法，实现数据跨越国境（地理疆域）的传输、访问或处理。在数字经济时代，数据跨境流动广泛存在。”④有序

---

① 孟佳. 5G 与 AI 为社会治理插上双翼 助力智慧城市起飞[EB/OL].（2019-05-23）[2019-11-27]. http://szb.cbsrb.com/pc/content/201905/23/content_4200.html.

② 刘艳. 5G 催动技术集群协同支撑国家治理变革[EB/OL].（2020-01-07）[2020-04-30]. https://mp.weixin.qq.com/s/i5UGkj6SfWtsX-mjIaK5gw.

③ 宋嘉，薛健，吕娜. 智能制造在 5G 环境下的发展趋势研究[J]. 中国新技术新产品，2019（20）：107-108.

④ 阿里巴巴数据安全研究院. 全球数据跨境流动政策与中国战略研究报告[R/OL].（2019-09-03）[2019-11-28]. http://www.chinabigdata.com/cn/contents/3/253.html.

的数据跨境流动,“有利于全球数据资源的开发利用和开放共享,有利于信息化产品和服务跨境运营和商业拓展”①,有利于各国网络空间之间早日实现互联互通、共享共治。伴随互联网技术与数字经济的快速发展,大规模和复杂的数据跨境流动逐渐常态化,极大地推动各国电子商务进行全球化扩张。“在2019年两会上,全国人大代表、苏宁控股集团董事长张近东就曾建议国家把数据平台的建设作为重要公共基础设施,引导社会各行各业实现数据开放共享,打破数据壁垒,杜绝数据垄断,加速数字中国的发展和落地。”②

同时,数据流动也引发了对数据安全风险的担忧以及对国家主权与安全的思考。作为当今时代综合国力的重要组成部分,拒绝数据跨境流动将使国家脱离网络空间命运共同体的建设进程,一味放任数据自由流动又很有可能为国家带来安全威胁,甚至会破坏国家主权的完整性。尤其是在5G通信技术出现之后,与前几代移动通信网络相比,5G网络在速率、时延、连接等方面都发生了质的飞跃。5G带来的高可靠性、大连接、低时延等显著特点使得数据跨境流动的体量有了大幅度提升,这也意味着相应的安全风险系数将成倍增长。

(二)层级:治理层级的流动性交融

传统互联网架构可分为三层:物理层、逻辑层和应用层。物理层“包括海陆光缆、卫星以及无线电系统等”,保障数据通信。物理层由工信部监管,运营商搭建。逻辑层“包括根服务器、域名系统、IP地址以及协议参数等”③,涉及国家标准归口、制定和修订,由全国信息技术标准化技术委员会负责。这两层的技术性较高。应用层以网络服务、内容承载为主,是“九龙治水”模式的主要施力面,政治性较高。

5G的落地将会使基础网络服务化、基础服务网络化,应用层与物理层互

---

① 中国信息通信研究院. 数据跨境流动的风险与隐忧[EB/OL]. (2019-04-19)[2019-11-30]. https://www.chinanews.com/articles/914131751000.htm.

② 2019年全国两会关于互联网+相关提案最新政策解读[EB/OL]. (2019-03-01)[2019-12-01]. http://www.alayadata.com/news-newsdetail-cid-6-dataId-29-nav-5.html.

③ 李艳. 网络空间国际治理机制的分析方法、框架与意义[J]. 信息安全与通信保密,2019(9):38-45.

为辅助、相互渗透,流动性交融。“5G 之所以能够实现超大容量和超低时延,很重要的原因是物理层的核心骨干网络下沉到应用层的基站。”①物理层会根据应用层的基站情况、行业需求、用户喜好来选择核心骨干网的搭建方式,以便物理层所提供的技术基础有效服务于应用层的产品属性,运营商直接嵌入面向用户的服务过程,提供差异化支持。如电网公司便可将位于主站的数据处理逻辑下沉,由本地智能终端实时处理电力信息,以提高响应速度,减少带宽占用。

应用层也为满足用户需求,实现数据的优质传输、处理和存储而与物理层深度合作。如中科创达软件股份有限公司与运营商合作,聚焦智能物联网的技术创新,并辅助其余系统的网络搭建,两层级间的双向需求增强,物理层、应用层不再界限分明。而网信办的治理仅针对应用层,无权兼顾物理层,若想全面治理仍需主体间互动交融。

在应用层内部或将产生新的细分层级——平台层、终端层。平台层辅助信息高效承接、准确处理,通过人工智能、云存储等运算分析技术在网络基础和应用落地之间搭建桥梁,起承上启下的过渡作用。终端层则由智能机械设备、可穿戴设备、机器人等信息采集硬件构成。

网络空间治理目前主要针对应用层,仅涉及信息生态和网络生态。“网络通信、国家网络信息安全等问题由通信业管理部门——工信部及对应地方机关治理。网络犯罪等问题由安全保护部门——公安部及对应地方公安机关治理。”②网络宣传等工作由宣传管理部门——各级网信办负责。其余具体领域的网络事件由各自对应主管部门及对应地方机关负责,如文化部、广电总局、卫计委、食品药品监督管理局、工商总局等。而针对平台层、终端层尚未设立相应治理部门,面临治理缺位问题。

5G 带来的“贯通式数字化社会”③打破了信息孤岛和固有层级。层级变动的背后或许预示着治理部门的划分标准尚有创新的可能。或可设想将依

---

① 李艳. 网络空间国际治理机制的分析方法、框架与意义[J]. 信息安全与通信保密,2019(9):38-45.

② 徐汉明,张新平,龚华燕. 网络社会治理的法治模式[J]. 中国社会科学,2019(3):48-50.

③ 何明升. 技术与治理:中国 70 年社会转型之网络化逻辑[J]. 探索与争鸣,2019(12):41-52,157,158.

照行业类型划分的部门，按信息产生的层级、信息内容的类型重新划分。“如吉登斯所言，规则类似于一种程式或程序……这种程式既可以是外在的规则内化于行动者的实践意识中的，也可以是行动者在情境中的创造。”[①]这或可成为技术更迭时期的方向性尝试。

二、治理主体与模式的革新

5G 给网络空间治理带来的影响，同时包含着变与不变。不变的是上层的统筹领导和协同理念，变化的是统筹程度和协同的具体角色。以史为鉴，一脉相承，将 5G 时代置于时间纵轴内，革新措施即为主体扩增、高维协同。

（一）主体构成：旧部门技术化，新技术部门化

5G 时代信息技术权下放至个人，网络成为社会生活的基础设施。将网络空间看作异化空间来管制不再适用，而应将其视为社会的本体构成。习近平总书记曾指出，“从线下转向线上线下融合，从单纯的政府监管向更加注重社会协同治理转变”[②]。在党和政府的领导下，在 5G 设备研发和产业化进程中必不可少的电网公司、运营商及大型企业需参与治理，社区及个人也应构成协同共治的其中一极，由此构成多极主体。

1. 官方机构：从终端层到体制层的技术融合

党和政府主导是我国不可动摇的政治根本。“掌控网络意识形态主导权，就是守护国家的主权和政权。”[③]针对网路主体扩容和网络层级融合两方面的冲击，有关部门应首先采取措施，对我国多头管理的旧有模式进行适应性调整，引领其余主体积极应对。

首先，应发挥党和政府在高阶治理网络中的统筹作用。多元主体背后隐藏着多方利益，放权过度或将导致其他主体以自身利益为动机进行监管。

---

① 何明升. 技术与治理：中国 70 年社会转型之网络化逻辑[J]. 探索与争鸣，2019(12)：41-52，157，158.

② 习近平. 在中共中央政治局第三十六次集体学习时的讲话[N]. 人民日报，2016-10-13(05).

③ 中共中央文献研究室. 习近平关于社会主义文化建设论述摘编[M]. 北京：中央文献出版社，2017：103.

这就要求治理层级环环相扣,治理模式严密成熟,治理技术智能高效。有关部门可实行节点负责制(见图 3-1),提高工作效能,实现系统化治理。有关部门在其余主体分管领域设立节点,对二级主体的节点负责,二级主体对层级内的具体细节负责,以应对建网主体繁多的问题。下文将作续述。

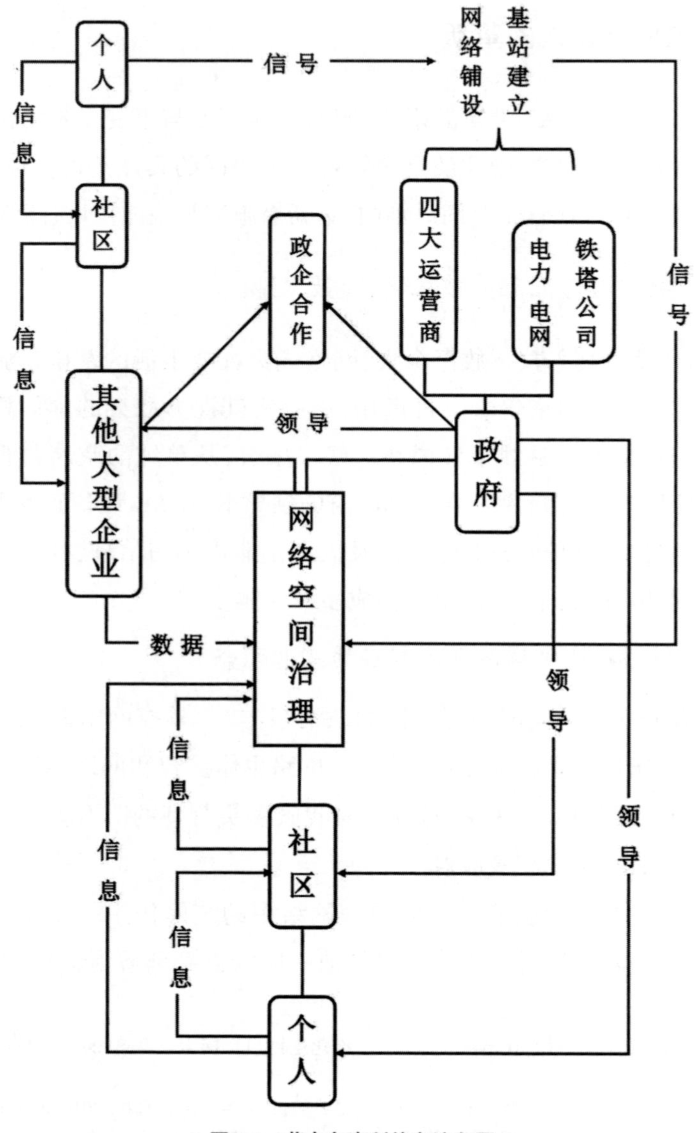

图 3-1　节点负责制信息流向图

其次,有关部门治网应与新技术结合,实现旧部门的技术化,正如习近平总书记提出的“运用互联网技术和信息化手段开展工作”①。该实践体现在终端应用和体制创新上。

终端应用方面,有关部门可利用大数据、人工智能等新技术进行监管及风险研判。大数据技术可与智慧城市社会信用体系结合,对工商、质监、食药监等领域进行远程监管、预警防控。多省市在此方面已有所实践,如上海市等出台“互联网+监管”方案,保障系统建设工作稳定进行。“北京市依托企业信用信息网将 20 万户企业列入经营异常名录,利用大数据技术对市场监管风险进行有效研判,对失信企业进行跨部门信用联合惩戒,切实提高市场监管效能。”②在政务服务方面,智能化终端可提升办事效率,便于基础信息留存。如浙江省、安徽省等在政务部门应用综合服务机器人,广东省推出政务大数据服务平台,以量化反馈指导治理创新。

体制创新方面,目前我国的“九龙治水”治理模式是分业规制的多头治理,以行业分立为前提,如传统规制对电信、有线电视、无线广播电视等作出清晰划分。但在媒介融合前提下,“各大产业专用技术平台已转化为通用技术平台”③,一种平台可对应多种融合型服务(如 IPTV 等),多头治理难以一一对应,且交叉区域权责难以划分。

为解决此问题,第一,有关部门可从 5G 切片技术中汲取“切片化治理”理念。5G 时代融合程度加深,“5G 切片将 5G 网络切出多张虚拟网络,从而支持更多差异化业务”④。如云平台通过切片管理器,将业务类型进行切分,使业务场景、服务质量、用户的隔离与保护同多样化的网络连接需求相对应。这可为治理创新提供新思路。

统一平台、分级服务、定制化切分的技术逻辑对应的是分类、分层规制

---

① 习近平.决胜全面建成小康社会 夺取新时代中国特色社会主义伟大胜利[EB/OL].(2017-10-18)[2019-12-05].http://media.people.com.cn/n1/2017/1018/c120837-29594814.html.

② 中国信通院.新型智慧城市报告[R/OL].(2019-11-01)[2020-04-30].http://www.caict.ac.cn/kxyj/qwfb/bps/201911/P020191101400391218356.pdf.

③ 肖赞军.媒介融合中规制政策的基本取向分析[J].新闻大学,2014(1):110-116.

④ 中国国际经济交流中心.中国 5G 经济报告[R/OL].(2019-12-14)[2019-12-17].https://mp.weixin.qq.com/s/Q-fd4LcDaR6LTRacWAqRGA.

理念。较早实施分层规制的是欧盟,在其电子规制框架中,“电子通信网络包括卫星网、固定电信网、移动地面网、电力电缆系统、广播电视网和有线电视网,不论信息类型如何,只要传输信号便接受统一规制”[①]。

而“切片化治理”是分类、分层规制的结合。有关部门可根据网络内容、服务以及层级类别在各自节点内进行治理,如在终端层对移动终端、泛娱乐、工业互联网、医疗健康、汽车等领域进行分类治理,以社区、企业等为基本治理单位。在平台层对云服务器、算法、智能路由等进行治理。全国统一一张网有利于有关部门的顶层统领,切片化所形成的边界清晰、逻辑独立的网络资源,可避免单一错误影响其他领域。

第二,有关部门应对平台层进行云端总控。在高端制造、电力、通信、水务、轨道交通、能源等关键基础领域,“5G 用超大带宽释放云端算力”[②],云端的计算结果得以实时传输到终端,并将使各领域的业务场景和数据存储从终端转向云端,产生新的运维模式。有关部门可设立掌握 5G 云化技术的部门,将云服务器以节点为单位集中监管。全国信息技术标准化技术委员会可于逻辑层同步设定全国统一的安全标准和监管体系。

目前,我国已进行了部门技术化的尝试。“十九大曾部署发展大数据,建设数字中国和智慧社会、提高社会治理智能化水平的要求。”[③]多个城市已设立了以数据资源管理为核心功能的大数据主管部门,成为数据整合共享、智慧城市基建的主要机构。山东、山西、贵州等省在经信委等部门设立大数据管理局,工商、医疗、教育、房管、金融等部门内的数据实现交互、共享,治理缺口在一定程度上被填补。有关部门可以此为借鉴,继续填补技术更迭带来的部门空缺。

2. 电网公司:智能监控,数据汇集

长期以来,电网公司“起保障作用,其使命是提供安全、经济、清洁、可持

---

① 肖赞军. 媒介融合中规制政策的基本取向分析[J]. 新闻大学,2014(1):110-116.

② 中国国际经济交流中心. 中国 5G 经济报告[R/OL].(2019-12-14)[2019-12-17]. https://mp.weixin.qq.com/s/Q-fd4LcDaR6LTRacWAqRGA.

③ 吴晓林. 人民日报新论:依托智慧城市推进治理升级[EB/OL].(2018-05-22)[2019-12-15]. http://opinion.people.com.cn/GB/n1/2018/0522/c1003-30004054.html.

续的电力供应”①。“2009 年,中国国家电网公司首次提出了以信息化、自动化、互动化为特征的‘智能电网’概念。”②但“电网业务的多样性需要一个功能灵活、可编排的网络,高可靠性的要求需要隔离的网络,毫秒级超低时延需要具备极致能力的网络。4G 网络轻载情况下的理想时延只能达到 40 毫秒左右,无法满足电网控制类业务毫秒级要求”③。而 5G 切片技术,大带宽、低时延的特征则满足了电网业务对网络基础的要求。

切片技术有利于改变传统业务运营方式,实现一网多能、功能灵活的可编排网络。电网内部多切片混合组网构成运维行业专网,有利于电网客户的统一管理。一张网络同时承载多种业务的需求,对各自切片进行差异化服务,可实现管理的精细化。

在智能监控方面,可通过高清视频回传替代人工监测,提高运维效率,辅助各级电网重要廊道的巡检、配电网状态监测、大数据采集、准负荷控制、配电自动化等,实现可视化、实时化、自主化、智能化的新型治理。如“2018 年,广东移动与南方电网、中国信息通信研究院、华为共同启动了面向商用的 5G 智慧电网试点,已开通的智慧电网搜索功能包括应急通信、配网计量、在线监测等”④,为智慧电网参与治理提供借鉴。

在数据汇集方面,物联网将助力智能电表的普及,电网公司获得的数据量将大大增加。用户及设备、电网企业及设备等极大数量级的终端将连入网络,所有用电的负荷信息得以深入到户,自动采集,且终端彼此交互,实时数据得以及时反馈。电网公司或可结合 AI 解析技术,实现高级计量与能源管理智能化,也可借此监测电能质量与异常计量,进行用电分析和管理,并对分布式能源进行监控,“以更精细化的治理方式实现供需平衡”⑤。

在电网公司参与治理的过程中,有关部门仍需充分发挥领导作用以保

① 见百度百科:国家电网有限公司。

② 刘秋华,等. 我国坚强智能电网的经济效益评价[J]. 科技与经济,2012(5):11-15.

③ 国家电网,中国电信. 5G 智能电网报告[R/OL]. (2018-01-18)[2020-01-15]. https://mp. weixin. qq. com/s/6K6zJhYczdH4cnGyccTUow.

④ 科锐信通. “5G+”智能电网[EB/OL]. (2020-01-20)[2020-02-10]. https://mp. weixin. qq. com/s/J4t8_4AVPd2GocJFP9RTwA.

⑤ 余世平. 基于 5G 移动通信技术的物联网应用分析[J]. 电子世界,2019(3):174-175.

证其稳定性,避免电价波动等市场化因素带来经济上的冲击,且加强对用户基础数据的保护,保障电网公司治理行为的安全性与高效性。

3. 运营商:从物理层到应用层的智能嵌入

传统互联网是“端”对“端”结构,该结构决定网络运营商仅提供物理层的传输渠道,一般不涉及传输内容。“运营商既不知晓在其之上流通数据的具体内容,也不能对数据流通产生差异化影响。”①在 5G 时代,基础网络设施深度发展,导致传统互联网的物理层、逻辑层和应用层之间的边界变得模糊,各层次之间出现功能交叉。因此,网络运营商和互联网内容以及应用开发者的关系会更加紧密,彼此之间的影响也会更加直接和深入。或者说,网络运营商即将以一种更为深入的姿态打破传统网络生态治理结构。

2016 年 11 月 7 日,《中华人民共和国网络安全法》对网络运营者的责任和义务进行了明确界定:“应当加强对其用户发布的信息的管理,发现法律、行政法规禁止发布或者传输的信息的,应当立即停止传输该信息,采取消除等处置措施,防止信息扩散,保存有关记录,并向有关主管部门报告。”

5G 网络建设提速,“2019 年三家基础电信企业和中国铁塔股份有限公司……共建成 5G 基站超 13 万个”②。运营商在基础网络铺设中开始将用户需求纳入考量,从物理层到应用层均发挥作用,拥有占据相应“治理位”的诸多要素。在设施上,运营商在以往的服务性中注入智能性。网络与基础设施、垂直行业等联结,拥有大量数据资源。如主要由运营商承建的智慧杆塔,“通过集成智慧照明、Wi-Fi、微基站、城市监测、电桩等多种功能,突破了传统杆塔边界,融入智能网关、边缘计算等功能模块,实现数据集成和智慧管理”③,在信息汇集、城市治理、环境监测等多方面发挥作用。

据此,运营商应在承继中介角色的基础上发挥治理主体的作用,充分利

---

① 杨竺松等. 5G 背景下的治理挑战与政策应对[J]. 行政管理改革,2019(11):39-46.

② 工业和信息化部就 2019 年我国工业通信业发展情况举行发布会回应热点话题[EB/OL].(2020-01-20)[2020-01-25]. https://baijiahao.baidu.com/s?id=1656248961940085856&wfr=spider&for=pc.

③ 中国信通院. 新型智慧城市报告[R/OL].(2019-11-01)[2020-04-30]. http://www.caict.ac.cn/kxyj/qwfb/bps/201911/P020191101400391218356.pdf.

用新技术主动监测由其传输的各类数据,敏锐发觉敏感信息并追踪溯源,在城市治安、网络治理的层级节点中勇担责任,打造安全、高效、便捷的社会网络。

在应对新冠肺炎疫情中,运营商已从技术服务角度辅助治理。从物理层到应用层,从信息层到处置层,中国电信成立大数据支撑疫情防控专项工作组,部署近千万节点大数据平台。开放且遍布全国的云资源辅助实现智能分析、视频监控与存储等,实现精确高效治理。智慧杆塔也已初见成效,衡水铁塔公司将"通信专用塔"转型为"社会综合塔",助推衡水信息化、智能化及智慧城市建设。

网络运营商应该在网络空间治理过程中具体承担怎样的责任,如何分配网络运营商和网络服务商的治理责任,需要进一步明确,规定其在5G出现后恰当的治理地位与相应责任,并及时调整管理办法。2019年我国工信部制定的《携号转网服务管理规定》等相关法规中明确指出,"电信业务经营者应当遵循方便用户、公平公正、诚实守信、协同配合的原则,建立健全服务体系,落实企业主体责任"。这些条例的制定从政府层面向运营商传达其参与网络治理的意义,培养其参与意识,降低运营商用于市场竞争的成本,使他们的重点不仅仅局限于从中获取自身利益。通过强制监管与自我监管并行,既要强制要求网络运营商严格进行自身管理,又要通过政策支持等方式保障网络运营商的既得利益,从各方面充分调动网络运营商的参与积极性,促使其主动承担在5G时代应该承担的新的治理责任,为新时代网络空间发展贡献力量。

4.其他大型企业:基建与治理同步,数据中台弥补主体缺位

互联网大脑模型的创建者刘锋博士提出,城市大脑的产生源于智慧城市建设与互联网在50年进化中发展出的类脑模型的结合。城市大脑是智慧城市运行的核心,以类人脑的处理方式自动捕捉、识别数据。

在城市大脑建设过程中,企业在5G技术支撑下参与比重增大,掌控大量数据及中控平台。经中国信息通信研究院总结,企业参建模式有以下三种:一是总包建设运营,具有政府部门统筹组织难度低、系统之间集成整合

相对平滑的优势。二是领军企业生态圈建设与主导企业运用相结合，具有生产合力最大化的优势。三是政企合作组建公司，整个建设运营阶段都由专业化公司负责，具备有效整合企业资源的优势。互联网企业也基于自身架构积极参与城市大数据平台的建设。

企业参与治理，应获行政赋权，实现新技术部门化，便于政府统一管理和责任划分。企业可在城市大脑运行框架上把关，在商业合作、增值服务、技术支撑等方面与政府协同治理，在前台为业务提供支撑，在后台为用户画像，将个性数据进行建模与监控，并对市场风险进行跟踪预警，通过远程监管、移动监管、预警防控等措施参与治理。参与搭建物联网的企业更需在物流、监控等内部环节严密把关。

目前，北京市海淀区城市大脑已由海淀区企业中海纪元和百度等公司联合成立的平台公司负责建设，并由领军企业负责技术方案落地和后续运营，但其在城市网络治理中的主体地位仍需进一步落实。

除城市大脑的参加企业外，具有数据处理能力的大型互联网公司还应构建数据中台，对应新增层级——平台层的治理。数据中台基于以往大数据局的基础进行业务拓展，扎根于已有的政务信息资源，提高数据采集、治理能力，成为后台基建和前台应用的过渡者，辅助资源整合与集中配置。如阿里巴巴就已沉淀出成熟的云上数据中台体系，京东、袋鼠云等也将数据处理与提供服务相结合。

5. 社区及个人："人本位"的实践观

在社会治理方面，以社区为单位的治理实践源于城市居民委员会。包含村民自治、居民自治、社会组织自治在内的基层群众自治制度，为个体参与提供体制基础。在网络空间治理方面，我国始终坚持的"以人民为中心"思想为个体参与治理提供价值保障。习近平指出，"国家网络安全工作要坚持网络安全为人民，网络安全靠人民，保障个人信息安全，维护公民网络空间合法权益"[①]。在以往实践中，个人多以被保障客体被提及，与信息服务、

---

① 王春晖. 网络安全为人民，网络安全靠人民[N/OL]. 中国青年报，2019-09-23[2020-02-15]. http://media.people.com.cn/n1/2019/0923/c14677-31366803.html.

隐私保护相关联。

目前,我国仍处于社区用网阶段,尚未出现典型的社区治网实践。"十二五"期间,《智慧北京行动纲要》提出要建设"智慧社区基础设施网络、智能高效的便民服务体系、安全高效的社区管理服务体系"。2019 年 7 月 3 日,北京市首个 5G 新型智慧社区在海淀志强北园小区建成,5G 与微波技术相结合,使无线传输信号赋能于智慧灯杆,人脸识别、"徘徊报警"等得以实现。除此之外,井盖配置移动水位智能监测设备,车棚安装烟感报警器,垃圾箱增设满溢告知功能等为社区的智能化治理提供了范本。社区管理仅在中控室即可完成。海淀区智慧社区建设已形成标准、中级、高级三种标准,智慧场景的应用逐步成熟。

5G 时代,顺应线上线下界限模糊化趋势,网络或将不仅单线服务于生活,也将形成居民治网、信息反馈的回流。网民是 5G 网络铺设后到达的最直接终端,或将成为社会参与的重要主体。中国信息通信研究院预计,"到 2025 年,中国 5G 用户将达到 8.16 亿,占移动用户的 48%左右"①。个人应充分发挥能动作用,主动治网,以社区为单位实现网络端的信息反馈。政府应激励专业学科人才、领军人物及团队积极参与,实现网络治理社会化。

(二)高阶治理网络:从网络治理行政化,到行政治理网络化

网络是调控复杂系统的基本工具,传统的网络模型侧重于讨论两个节点之间的关系,仅在符号层面进行描述,难以体现相同网络的连接结构差异,且现实情况多为多个节点共同作用。

高阶网络是网络科学领域的新兴热点,侧重于多节点间的关联,体现所有的交互作用,目前在生物学、神经科学、交通建模、经济学、博弈论中有所运用。使用高阶网络建模的研究大多分为两类,一是考察网络呈现出的性状,以及在不同维度下的结构洞;二是考察节点间的互动模式导致的相变与分叉。曾有学者将交通图通过高阶网络建模(见图 3-2),将一个节点置于多

---

① 中国国际经济交流中心. 2020 中国 5G 经济报告[R/OL]. (2019-12-13)[2020-04-30]. http://www.caict.ac.cn/kxyj/qwfb/t2b9/201912.

层网络中,探讨多层网络中的渗流、消息传播与单层网络的不同之处。虽尚未形成完善的理论架构,但或对我国治理模式的创新有一定启发。

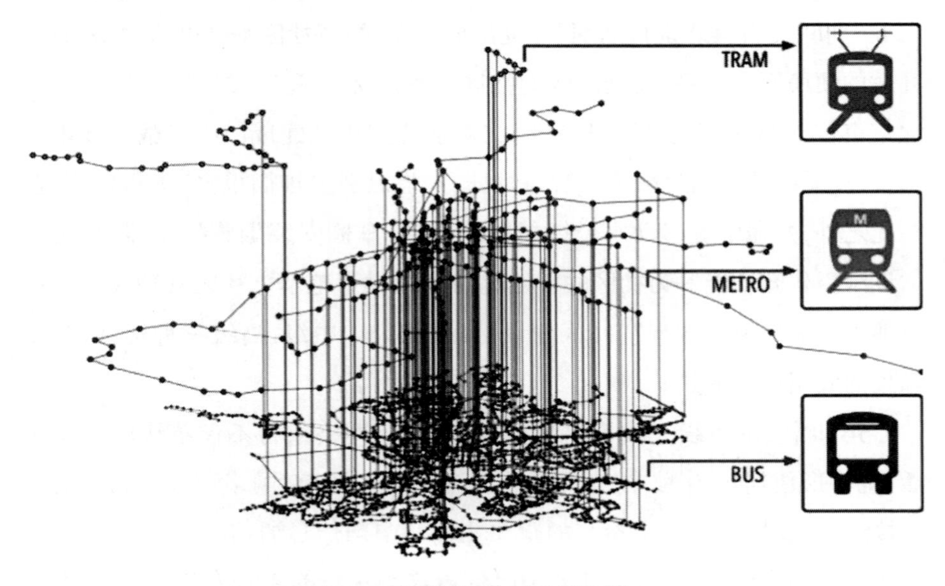

图 3-2 多层网络的交通示意图①

曼纽尔·卡斯特认为,“现实社会的支配性功能与过程日益以网络组织起来。网络建构了我们社会的新社会形态,而网络化逻辑的扩散实质地改变了生产、经验、权力与文化过程中的操作和结果”②。针对前文所述主体及层级的变化,我国或可形成节点负责制的高阶治理网络。该网络为党委政府主导下的多主体协同、多层级协商网络。

在高阶治理网络中,有关部门统筹规划,制定标准,实行全国统一管理。政府将信息管理权下设至具体部门,管理对象具体到数据。单一层级内,电网公司、运营商、其他大型企业、社区、个人等关键节点构成多个闭环。有关部门对节点负责,节点对下辖节点及数据负责,逐级汇总,作用于网络治理。

在医疗、交通、教育等横向领域,从中央到地方、社区再到个人的纵向领域,各主体均可互相联结,构成小网络子图,诸多模体关联形成多层级的网

① 2020 年网络科学的 4 个前沿方向:从时序网络到高阶网络[EB/OL].(2020-03-01)[2020-03-27]. https://www.sohu.com/a/377038531_741733.

② 卡斯特. 网络社会的崛起[M]. 夏铸九,等译. 北京:社会科学文献出版社,2002:52.

络结构。在该结构内,多层节点之间均可连接,各地官方机构、央企、其余企业作为信息处理的关键中介、必要枢纽,可促进高维连接模式中的协同传播。多层级网络的优势在于,各层节点间的渗流可避免因单一节点相变而导致的系统危机,具有效率高、稳定性强的特点。

为提高高阶治理网络的可行性,有关部门应发挥催化效应,激发不同层级的活性;可设立顶层把控机制,实现跨行业、跨机制之间的同步治理,促使大型企业、研究机构和技术精英为治理提供技术支持;用切实利益激发意见反馈活力,精准补贴,分级保障,把握不同主体的不同需求,避免合作方因需求不同或将产生的掣肘。多主体间需要协调机制,可组建联合共同体,建立不同行业之间的交流平台;举行协商会议,定期洽谈,促进不同主体之间的人才流动,进行规制重组。

有关部门需针对将会出现的新型商业模式进行统筹规划,结合新技术,或可从基站的管理入手应对产业变局,如建立 5G 智能评测体系,实时收集各基站数据,利用 5G 保障数据完整性并进行数据管理、数据分析和转换,实现不同系统层之间的横向和纵向集成;设置应对危机的软件及硬件解决方案,快速实现对不同商业模式中各产线和企业系统间的数据采集、转换、分发、管理。

如前文所述,该模式与以往的差别在于,除政府外的主体作为子系统有效协同,产生超越单一子系统以及各子系统简单相加的整体效应;各主体在重叠区域发挥边缘效应;将习近平新时代“共建、共治、共享”的社会治理格局与网络综合治理体系相结合。

第四章　5G的资源布局与管理

本章摘要

本章主要针对5G时代有关部门如何进行有效的网络资源配置进行分析，提出建议。5G时代，网络资源和技术漏洞更容易带来灾难级的风险，有关部门的治理思路要完成从“治”到“防”的调整，实现源头上的“把关”，发挥有关部门在调配基础设施资源、审查内容应用资源以及整合社会文化资源中的作用。其作用主要包括对频谱等关键资源进行合理分配与长远布局、降本增效实现低碳环保型社会、对“去中心化”数据进行渠道管理、政府与多方协作以整合全产业链资源，以及利用新技术弥合数字鸿沟等方面，从而保证5G时代信息资源平衡协调，经济、社会、生态各方面可持续发展。

习近平总书记多次强调要按照“创新、协调、绿色、开放、共享的发展理念推动我国经济社会发展”①，对于互联网建设，习近平强调要“消除不同收入人群、不同地区间的数字鸿沟，努力实现优质文化教育资源均等化”②。在5G即将大规模进入应用阶段之前，有必要将其作为社会公共资源的布局与

① 杨丽娜，秦华. 习近平主持召开网络安全和信息化工作座谈会[N]. 人民日报，2016-4-20(01).

② 全国科技创新大会、二院院士大会、中国科协第九次全国代表大会在京召开[EB/OL]. (2016-05-30)[2020-03-28]. http://www.xinhuanet.com/politics/2016-05/30/c_1118956512.htm.

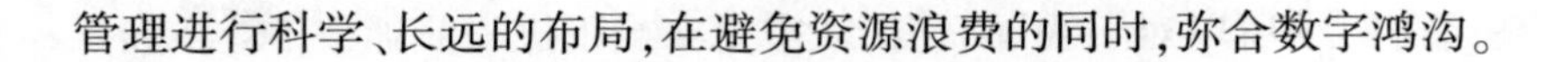
管理进行科学、长远的布局,在避免资源浪费的同时,弥合数字鸿沟。

一、5G 资源治理的必要性与布局的长远意识

(一)应对新技术风险:防控断网事故与技术漏洞

5G 时代,生产生活将更加精细化、现代化、信息化、智能化,广泛应用的物联网、VR 等技术使线上线下高度融合,生产生活都将高度依赖技术,这种情况下,一旦出现断网事故或技术漏洞,5G 时代造成的危害将比 4G 时代成本更高、代价更大。

我们可以设想 5G 时代的两个具体的应用场景。以交通资源调配为例,5G 技术基于智能化,通过服务器为城市车辆出行规划合理路线,疏导城市的交通拥堵、保障市民的出行安全,甚至可以利用人工智能技术广泛实现自动驾驶。而一旦断网或出现技术漏洞,将造成城市大范围拥堵甚至交通事故,造成不可想象的灾难。

在远程医疗服务中,相隔两地的医生对患者进行手术。如果不是在实体的医院间达成医疗合作,而是医生与患者基于 5G 技术,私下达成手术协议,或是不法分子利用技术和法律漏洞牟取利益,可能会对公众健康甚至生命造成严重危害。

“通过在不改变现有资源基础上进行一系列的改革工作,对网络性能进行进一步的优化工作。”①5G 时代的生产生活对网络稳定性与安全性的需求更高,必须在布局过程中排除可能产生的技术漏洞与资源协调不善的风险。

(二)弥合数字鸿沟:把握跨越式发展机遇

中国工程院院士邬贺铨在谈论 5G 问题时说到,人工智能在不同国家地区以及企业群体之间的运用将会进一步加大贫富差距。“由于具备替代重复劳动的特性,AI 将会促使重复性劳动从现在的 40%降低到 2030 年的 30%。要求较高技能的岗位将从 40%增加到 50%,由此会对社会发展的稳

① 王素军.浅析 5G 移动通信网络基于能效的资源管理[J].电子世界,2019(20):102-103.

定性带来影响。”[①]所以对于我国而言，就需要在当下进一步抓住5G等新一代信息化技术建设以及发展的机遇，实现跨越式发展，避免差距被进一步拉大。

就国内的发展均衡性而言，互联网技术的接入或可及性影响着数字鸿沟的产生。我国“从2010年开始一直到2018年，城镇互联网普及率始终高于农村互联网普及率一倍，发达地区的普及率比落后地区的普及率也高了一倍，国内区域间数字鸿沟差距明显”[②]。这种差距在经济落后地区以及弱势群体中越来越突出。随着5G时代大数据、区块链、AI等信息技术的发展，数字鸿沟既有可能被缩小也有可能被拉大，这取决于有关部门在资源布局中如何进行资源调配。

就北京市的发展均衡性而言，“城乡二元结构没有根本改变，城乡发展差距不断拉大的趋势仍在继续”。面对仍在拉大的城乡差距，5G技术或许能在新型城镇化的进程中提供乡镇、落后地区“弯道超车”的可能。《北京市城乡规划条例》中提出，“本市应当创新治理模式，通过调控引导、行政许可、公共服务、联动监管、实施评估等多种方式，提高城乡规划制定、实施和监督管理的效能。本市鼓励开展城乡规划科学研究，采用先进技术，增强城乡规划的科学性”[③]。可见，政府在5G基础设施建设、新技术应用等方面的创新治理十分紧迫，政府在技术资源层面开始把握布局、合理分配，政策方面通过补贴或者引导运营的方式实现对新一代信息技术的建设，同时鼓励基于信息技术的远程教育进一步落地发展等。这既是北京市城乡建设大方向的要求，也是落后地区实现跨越式发展的重要机遇。

（三）合理分配关键资源，从源头“把关”布局

5G网络资源是网络发展的物质基础、载体、能量来源和构成要素，政府的资源治理成效关系着5G时代经济社会的发展进程和网络空间秩序。现

---

①② 周文猛. 邬贺铨院士谈5G：以标准化为桥，跨越数字鸿沟[EB/OL].（2019-05-18）[2020-04-03]. https://www.iyiou.com/p/100433.html517.

③ 北京市通州区人民政府. 北京市城乡规划条例[EB/OL].（2019-03-29）[2020-04-03]. http://www.bjtzh.gov.cn/tzzfxxgK/c109720/202009/1317537.shtml.

阶段,5G基础设施建设存在一些不合理情况,对频谱等关键资源的争夺、数据资源缺乏安全保障等问题亟待解决。对这些关键要素的调配和管理是5G建设布局中的基础,也是防控新技术风险的源头。“防治”应成为5G时代网络空间治理的重中之重,有关部门必须具备资源管理的先进意识和科学方法,调整网络空间治理策略,使“防”在“治”前,从源头上当好“把关人”。

有关部门做好源头规范与梳理,能为后续网络空间治理夯实基础,稳固基本治理架构,从而防患于未然。5G时代,信息传输速度更快、效率更高、网络覆盖面更广,“万物互联”带来的设备与设备、人与人,甚至人与设备之间的界限愈加模糊,因此信源与受众的联系将变得更加直接和紧密。这也意味着,政府和专业媒体将更加难以用法律法规和社会伦理道德对信源的信息和服务进行筛选和过滤,即更加难以对信息和服务的质量甚至合法性进行有效的“把关”。如果仍然坚持传统的网络空间治理逻辑和手段,传统的“把关人”作用将被新技术进一步弱化消解。面对这种治理危机,有关部门必须提升治理手段,使其与技术发展相适应。

政府必须尽早意识到资源处于5G产业链上游这一基本事实,将“资源优先”的策略作为“防”在“治”前治理逻辑的重中之重。对资源的调配和审核事关重大,这重新定义了5G时代网络空间治理的职责范围。

(四)资源平衡与协调发展:政府在5G资源配置中的作用

5G新资源的出现有着更多样化、海量的特点,经济、社会、文化以及生态等方方面面的资源在5G时代都将通过万物互联形成庞大的数据库。在整个数据库的形成和应用过程中,涉及基础设施、内容应用及社会文化三个层面的资源。其中,基础设施资源包括技术设备、频谱,以及域名、IP地址、协议、根服务器等技术功能;内容应用资源包括信息资源、数据资源、计算资源与储存空间等;社会文化资源包括消费者资源(受众资源)、技术资源(技术人才、知识产权等),甚至各领域“涉网”带来的关系资源等。面对这些数量更加庞大、层次更加复杂的网络资源,政府的资源治理层面和治理对象都需要更加细化,才能有效发挥资源平衡的作用。

北京市作为超大城市在5G时代产生的资源体量将尤为庞大,由此带来的数据库建设也更具挑战性。对此,政府需要在资源调配、资源审核、资源整合等多个层面进行分工明确、责任具体的把控和治理,严格落实"加强自然资源、生态环境、经济社会、文化遗产资源、各类设施和地理空间数据库的建设;建立涵盖规划编制成果、建设工程审批、工程竣工验收等内容的规划国土空间数据库,建立各有关主管部门之间,以及与中央和国家机关之间的信息共享机制"①等规划要求。

有关部门还应注意,在审慎治理的同时不为5G产业发展设置屏障,保证全产业链、全平台化建设的协调。在政策制定中,需要观照互联网的基本架构和价值,鼓励网络技术资源共享,支持"加快构建关键核心技术攻关创新平台,建设典型示范应用创新平台,建设生态模式创新平台"②等。相应地,5G网络项目的审批与落地要更为便利,才能有效撬动社会资本,拓宽投融资渠道。

如此,才能进一步带动产业协同发展,优化技术发展环境,从而在构建上下游产业链协作、合作共赢、开放融合的5G产业生态中发挥作用。这也是增强社会发展动能的重要一环。

二、基础设施资源治理:5G网络建设与区域协调发展

(一)成本:调节5G能源消耗成本,建设低碳环保型社会

基础设施建设是5G建设的第一步,根据《北京市5G产业发展白皮书(2019)》的规划,未来北京市将从7个方面推动5G产业的发展,其中就包括加强5G基础设施建设,强化5G基础设施的共建共享。但在现阶段的基础设施资源实际应用中,能源消耗是一个重要的发展瓶颈。能耗过大使5G的应用成本偏高,从而导致接受度低,进一步导致5G网络的发展和覆盖程度有限。要解决这个问题,需要有关部门对能源消耗成本进行有效控制,这也

① 北京市通州区人民政府. 北京市城乡规划条例[EB/OL].(2019-03-29)[2020-04-03]. http://www.bjtzh.gov.cn/tzzfxxgK/c109720/202009/1317537.shtml.

② 参见百度词条:《北京市5G产业发展白皮书(2019)》,https://baike.baidu.com/item/北京市5G产业发展白皮书%282019%29/24159653?fr=aladdin。

是可持续发展理念的要求。

在具体措施上,有关部门可从市场和政策调节两方面鼓励降本增效。

从市场调节来看,有关部门可以为环保技术和企业营造公平的竞争环境,通过调节企业利润空间来促进产业升级,使落后产能企业在市场调节下被自然淘汰。从政策方面来看,有关部门可以制定相关标准和环保相关准入门槛,促使企业加大技术投入,关注能源消耗问题。当然,5G 资源降本增效问题的技术攻坚,不能仅仅交给企业自行调节,更应在资金和政策方面予以支持,鼓励技术革新。降本增效在技术上有很大的实现空间,目前已有大量相关人员关注基础资源传输问题并提出建议,包括建议采用 C-RAN 部署方式、磷酸铁锂电池,"前传光缆组网方面建议采用总线型"①等,也有相关人士提出全双工技术、大规模多天线技术和 D2D 传输技术等。与传统部署方式对比,这些技术既能满足业务需要,也能实现降本增效。

有关部门通过这些方式进行能源成本的有效调节,将使 5G 建设的资源保障更为稳定。同时,5G 应用的费用也会相应下降,更易被接受,从而扩大 5G 技术的使用和应用范围。

(二)基站:科学规划 5G 基站建设,坚持区域协调发展

基站的数量和质量也对 5G 网络的整体部署和使用起着基础性的作用。5G 网络基础设施的技术水平相比之前有更多的需求,移动接口数量和数据流量的需求增大。面对这种需要更多网络架构的情况,政府需要根据实际情况进行基站的改修和建设,增加基站天线数量,实现更高质量和更快速度的网络传输。

由于基站建设具有较大的工程量和较广的地域辐射范围,基站的设计建造和施工使用都直接影响着区域发展情况,因此无论城市还是乡镇,5G 建设都必须与城乡整体规划结合起来,必须也只能由政府来调配其整体规划和建设。在 5G 基站的建设和改修过程中,有关部门不仅需要关注其建设本

① 刘涛,刘光明,吕云辉. 面向 5G 及基于降本增效的传输基础资源部署的研究[J]. 中国信息化,2019(8):75-78.

身的技术问题,而且还应关注其与区域发展相协调的问题,关注其对周围生态环境的影响。针对北京市拥有大规模的文化遗产和政治、历史资源,尤其是老城区历史悠久,古建筑及文化景区众多的情况,应特别注意 5G 建设与文化遗产、生态环境保护间的合理平衡,结合实际情况审慎决定,全方位考虑。

根据北京市通信管理局的信息,截至 2019 年底,全市共建设 5G 基站 17,357 个。这些基站遍布北京多个城区乡镇,涉及日常维护、运营以及未来修整改建等诸多问题,对此,有关部门需要详细掌握和了解基站建设情况,科学合理调配基站设施,一方面避免重复建设、资源浪费等问题,另一方面在选址、设计上使其服务于智慧城市、智慧乡村的发展。

(三)频谱:协调 5G 频谱资源使用,技术和制度并驾齐驱

在 5G 系统最为关键的基础战略资源中,频谱占有重要地位。5G 频谱争夺是全球性的战略问题,近年来,一些国家相继颁布规划,采用市场化策略解决这一问题。我国也滚动发布了《国家无线电管理规划》,以 5 年为周期,“从频谱资源管理的角度出发,研究制定国家中长期频谱资源管理战略规划,明确给出未来一个时期的频谱资源管理政策和发展方向”①。频谱是无线的,却是有限的,如何合理配置需要有关部门积极地学习经验、探索方法。

目前,我国三大运营商和中国广电获得了 5G 牌照,但我国在频谱使用上仍面临频段主要集中在低频段、缺乏市场化配置活力、频谱资源能效利用率亟待提高等问题。对此,既要寻求技术上的解决方法,比如微基站、波束赋形等技术的应用,也要关注其技术治理制度的改革和创新。只有技术和制度并驾齐驱,才能真正避免恶性的资源争夺,净化资源市场,贯彻科学发展的理念。

我国 5G 频谱资源市场化配置应从市场准入资格的审查、交易活动的监督以及对违法违规行为的惩罚等方面着手。目前,5G 发展关键性战略资源

---

① 董洁,南楠. 2018 年国外频谱资源管理政策跟踪研究[J]. 数字通信世界,2019(8):41-42.

技术治理制度主要从“频谱使用评估收回、频谱重耕、频谱共享”①等角度来深耕现有频率，从而协调各行业无线电的用频需求，使无线电业务从专用走向共用。5G 时代频谱共享将成为常态，实现频谱资源的精细化管理，能有效提高频谱资源使用率。

（四）IP：统一标准化技术演进，缩小城乡差距

5G 时代是万物互联的时代，网络中的节点数量空前庞大，需要的 IP 地址数量也更加海量，IPv6 协议的出现给这一问题的解决提供了途径，因为 IPv6 有大量的地址空间。但经济欠发达地区由于新一代信息技术的应用起步晚且进展慢，参与制定和应用国际标准的能力也较落后，由此产生的标准化差距使其在数字鸿沟中处于劣势。

目前我国正在推进 IPv4 向 IPv6 的过渡，统一标准以缩小城乡发展差距。2019 年 6 月，中国互联网基础资源大会的域名行业合作与发展高峰论坛上，CNNIC 联合阿里云计算有限公司等 19 家国家域名注册服务机构共同发布了《国家域名行业扶贫合作宣言》，同时，CNNIC IP 地址分配联盟在会上向业界和全体会员发出《关于促进 IP 地址资源规范使用 推进 IPv6 规模部署的倡议》，这些行业合作以弥合数字鸿沟和提高贫困地区信息化建设水平为目标，致力于加大对贫困地区域名注册、网站建设等相关工作的支持力度。这些倡议的发布和未来行动的落实都将“有力促进我国 IP 地址规范有效使用、加快 IPv6 规模部署”②。

就北京市标准化进程的具体情况而言，2019 年底，北京市通信管理局对北京联通、北京移动、北京电信等公司的 IPv6 网络就绪情况进行了专项调研指导，各公司相关任务目标都已完成。为防止部分乡镇和城区因费用等问题影响标准化统一进程，未来，应更为积极地就 IPv6 流量占比、降低 IPv6 相

---

① 杨晓娇，易继明. 5G 发展关键性战略资源管理与技术治理制度研究[J]. 中共中央党校（国家行政学院）学报，2019，23(6)：31-36.

② 中国互联网络信息中心. 首届中国互联网基础资源大会发布八方面十二项成果[EB/OL].（2019-07-02）[2020-01-11]. http://www.cnnic.cn/gywm/xwzx/rdxw/20172017_7056/201907/t20190702_70739.htm.

关费用等问题进行讨论，完善相关政策，帮助落后地区了解标准并积极采用先进标准，保障 IP 标准的统一，从而加快新一代信息技术的应用。

三、数据资源："去中心化"的数据资源安全与治理

（一）融合场景下的数据安全风险

"任何一项新兴科技的产生与运用在给人们带来机遇与便捷化的同时，亦可能产生新的挑战。"①数据资源是人工智能时代最为重要的基础性战略资源，数据安全风险是 5G 技术应用中的战略性风险。

数据共享与个人隐私之间本就有着难以调和的矛盾，这种矛盾在 5G 技术的融合场景中将会更加突出。除了人们在社交媒体平台发布的内容和人们在可见的网络上留下的一切信息痕迹之外，通过物联网传感器，用户一切与生命体征相关的生理数据和时间、空间上发生的行为数据都将被记录下来。这些不知不觉中产生并持续增加的个人隐私信息，将被全部感知并存储。

从价值层面讲，当个人生物体征甚至个人精神世界都能以数据化的形式被获取、储存甚至应用，个体在 5G 技术下将"被透明"，相关行业部门或利益团体可能由于缺乏有效管控而出现行为失范的可能，社会伦理道德面临下滑危机。从制度层面讲，既有法律规范面临重新被型构的可能："规制范围不限于人与人之间，而且人与物之间、组织体之间及国家之间的关系也将被重新审视。"②

前几代移动通信技术中的用户身份标识泄露等问题在 5G 时代依然存在，如今又增加了更强的用户隐私保护需求，更多融合场景的出现为政府治理提出了更多挑战。

（二）政府对"去中心化"数据资源的调控作用

如果可以进行有效规制，"去中心化"数据是可以实现安全存储的。"去

① 贝克. 风险社会[M]. 何博闻，译. 南京：译林出版社，2004.

② 王勇旗. "5G+AI"应用场景：个人数据保护面临的新挑战及其应对[J]. 图书馆，2019(12)：7-15.

中心化”存储的最初出现就是为了在一个更加分散、更加不可信的网络环境中，满足更加安全、更加可信、更加可控地存储的需求，通过智能合约实现授权，在用户授权的条件下，完成基于用户行为的模型训练。

为实现其积极效果，规避数据风险，政府公信力的有效介入能够促进整个数据库的安全和良性发展。一方面，有关部门需要坚持立法先行，通过法规政策保障数据使用权利，加强个人数据在应用中的自决权。数据自决权应包括数据不公开权和被遗忘权等。另一方面，授权标准和相关协议的制定也需要政府的审核和把关。5G 安全的标准化要从联盟标准、行业标准、国家标准多个层面来共同推进，这意味着政府需要与 5G 厂商、运营商一同构筑数据安全保障体系，作为行政管理部门，实时监测掌握 5G 网络整体安全态势并及时处置。

政府在“去中心化”的数据治理中需要坚持以人为本，应以符合社会伦理道德、保证安全性为首要，确保智能科技的发展和应用不会损害人的尊严和人的基本自由，特别是个人数据得到保护的权利，以此避免落入“在今天这个时代，遗忘变成例外，记忆成为常态，人类住进了数字化的圆形监狱”① 的数字发展陷阱。

四、资源融合：推进智慧广电与多方合作发展

（一）推进智慧广电，发挥主流思想舆论综合优势

5G 技术为媒体的资源融合提供了机遇，智慧广电为政府传播主流声音提供了新的平台资源。2018 年 11 月，国家广播电视总局制定出台《关于促进智慧广电发展的指导意见》（下简称《意见》），将智慧广电建设作为新时代广播电视创新发展的战略选择。《意见》要求引进 5G 移动通信技术，从而推动智慧广电网络的建设发展，满足人民群众新时期的精神文化需求。2019 年 10 月 17 日，在第四届中国—阿拉伯国家广播电视合作论坛举办之际，习近平总书记专门发来贺信，为进一步推进智慧广电指明了方向和路径。

---

① 舍恩伯格. 删除：大数据取舍之道［M］. 杭州：浙江人民出版社，2013：21.

广电新形态的构建将成为政府 5G 资源治理的重要一环，其成效能够反映政府掌握运用 5G 新技术的能力和治理水平的高低。在十九届中央政治局第十二次集体学习中，习近平总书记指出："要把我们掌握的社会思想文化公共资源、社会治理大数据、政策制定权的制度优势转化为巩固壮大主流思想舆论的综合优势。要抓紧做好顶层设计，打造新型传播平台，建成新型主流媒体，扩大主流价值影响力版图，让党的声音传得更开、传得更广、传得更深入。"①

面对超大城市治理体系，将 5G 技术尽快融入舆论引导工作和公共服务中对北京市而言十分迫切。北京市于 2019 年 8 月印发了《北京市智慧广电发展行动方案（2019 年—2022 年）》，提出要经过 3 至 5 年的努力，建成全方位的智慧广电创新体系。聂辰席强调，要"更好地把人工智能融入广播电视发展中，不断巩固壮大广播电视意识形态阵地，有力服务党和国家工作大局"②。人工智能需要被运用在主流信息采写、媒体融合共享的各个环节，从而大幅度提高舆论引导能力。

但同时，政府也需要注意到人工智能带来的风险。5G 时代，用主流价值导向驾驭"算法"在政府网络空间治理中尤为重要。政府需要将打造新型智慧媒体上升到城市治理的高度，上升到政治和意识形态安全的高度。这不仅需要政府推进公共资源和数据资源融合，将智慧广电和社会化的综合治理结合起来，还要完善舆论监测系统，从而在 5G 技术下媒体融合的进程中，发挥主流思想舆论的综合优势，在政府对社会文化资源的整合打造中，建设成具有引领性、服务性的智慧媒体，从而服务于智慧城市的建设和治理。

（二）政府、运营商、企业、高校多方合作，共赢发展

5G 时代，政府在资源配置中的角色发生了从"管制型"向"合作型"的转

---

① 习近平. 加快推进媒体融合发展，构建全媒体传播格局[EB/OL].（2019-03-15）[2020-03-13]. http://www.qstheory.cn/dukan/qs/2019-03/151c_1124239254.htm.

② 章红雨，尹琨. 以科技创新推动"智慧广电"建设[EB/OL].（2018-12-05）[2019-10-30]. http://data.chinaxwcb.com/epaper2018/epaper/d6888/d1b/201812/93416.html.

变。为适应这种转变，一方面，政府需要积极贡献自身资源，向 5G 基站建设开放楼宇、土地及城市其他基础设施资源，如支持利用灯杆开展 5G 建设等；另一方面，政府要从政策上、规划上与行业达成战略合作，共同布局 5G 建设。目前，北京市朝阳、东城、延庆、亦庄等区政府已经与信息通信业签订了 5G 建设战略合作协议。这种战略合作是 5G 时代政府调配网络资源的合理模式，这一合作模式致力于共享 5G 网络资源和技术，能够通过资源集聚和整合共同创造 5G 网络空间的发展机遇，共同应对 5G 时代可能面对的技术和发展风险。

为规范并推动 5G 新应用的研发和商用进程，政府可在政策引导下鼓励企业间强强联合。一种途径是支持成立产业联盟，如中国联通 5G 应用创新联盟，其成员在京单位共计 140 家，包含三一重工、首钢集团、央视、人民日报、航天科工集团、中国银行等业内龙头企业，共同探索完成 5G 商业项目。2018 年 12 月，中国移动北京公司成立 5G 产业联盟；2019 年 9 月，中国电信 5G 产业创新联盟成立。另一种途径是通过推动 5G 示范应用落地来促进合作，如北京急救中心 5G 急救车、顺义车联网、中国建设银行 5G+智能银行等优质示范应用。目前基础电信运营企业共推进全市 5G 应用 600 余项，项目惠及医疗、金融、教育、新媒体、农业、交通、能源等 12 个领域。政府各级有关部门做好 5G 各项联盟合作的政策支持和保障工作，能促进行业间实现更深层次、更广领域的交流合作，推动 5G 全产业链的形成和良性互动。

着眼未来，为适应 5G 时代甚至未来 6G 时代的科技发展，有关部门还需关注相关学科领域内人才培养、科学研究等问题，打造产学研相结合的 5G 生态系统。北京市人才资源密集，通信基础设施完善，有充足的科研资源。鼓励高校与运营商、企业达成合作，能够促进资源库无障碍共享，进一步推动技术创新。如北京交通大学、中国移动北京公司、中兴通讯三方共同签署 5G 战略合作框架协议，致力于资源互补和协同创新。未来，这种学界与业界的合作能在一定程度上缓解 5G 人才培养、行业创新需求、产业链流动等多方面的压力。

北京市现已在 5G 领域形成了相对完整的创新链、产业链，在 5G 标准推进、网络建设与应用创新等方面都处于全国前列。未来，如何进一步推动 5G

技术进入垂直行业，推动各行各业数字化转型，打造超级智慧城市，始终是业界关注的重点。问题的解决，有赖于有关部门 5G 资源布局和管理能力的日益提高，有赖于多方合作趋势下各领域专家、学者与社会各界人士的群策群力。

第五章　5G 背景下的网络舆情治理(一):网络公共议题

本章摘要

本书第五章至第七章就网络空间舆情治理进行分析。5G 的发展会带来舆情产生方式的巨大改变,舆论生成方式、传播方式都有了革命性变化,但从舆论生成的逻辑上看,还是与 4G 网络社会、与现实社会转型期紧密相关的。随着社会主要矛盾的转变,公共领域内议题的内容指向、公众偏好以及总体布局也出现了嬗变转向。与新时代的核心矛盾对应,网络核心议题也集中体现了公众物质需要得到基本满足后,涌现出新的美好期待、核心诉求与价值理念的特征。与此同时,4G 网络技术在提供交流平台、聚集公众参与以及形成社会合意等方面的赋能,使之逐渐成为当下公共议题探讨的主要阵地。基于新的社会背景与技术逻辑,认知网络空间的公共议题以及公众议题参与过程中存在的问题,是 4G、5G 时代都需要重视的命题。

舆情应对是网络空间治理的重要组成部分。探讨 5G 时代网络舆情的新特征、新问题,首先有必要厘清前序 4G 网络舆情的生成机制及其与 5G 的延承关系。笔者从网络公共议题、网络群体传播层面对现有网络舆论的产生机制进行了剖析,一方面,对现阶段的舆情治理面对的主要矛盾再进行一次深度审视;另一方面,在此基础上,结合现有问题探讨 5G 时代网络舆情治理范式的颠覆式创新的路径。需要说明的是，现阶段尚缺少相关实例证明5G 如何带来新的舆情诱因。但从学术的角度看，5G 问题与 4G 问题并不是割裂的，特别是在舆情的底层叙事特征上具有连贯性。我们可以努力尝试，合理地推导预判 5G 如何与社会现实相结合、如何借由新技术力量应对新技术引发的负面效应、网络舆情治理主体角色发生怎样的变革、5G 时代网络舆情监管机制如何创新等。

一、公共议题

网络技术的赋权使大众得以零距离接近媒介并独立表达自己的观点；日益发达的即时通讯与社交平台又得以承载如此庞大的声浪，实现其在各级网络与圈层之间的实时传递、交换与汇聚。此外，随着参与主体构成的多元化以及公众媒介素养的日益提高，具有公共代表性的社会舆论与合意也因此更易形成。因而，网络逐渐成为汇集公众意见、探讨公共议题的新阵地。

网络话题涉及范围甚广，但并不是所有网络话题都能够成为公共议题。所谓“网络公共议题”必定以公共性与批判意识为前提，其内核指涉公共利益、伦理道德，而外在表现上又颇具争议性、冲突感。因此在包罗万象的网络话题中，只有少部分内容才有可能发展为网络议题。正如学者王辰瑶认为的，“从网络言论的生产和传播过程看，网络议题处在一个中间的、容易观察和判断的位置。它既是网络情绪的凝结，也是有影响力的网络意见产生的前提”①。

二、网络核心议题中的本质：社会矛盾的恒定叙事与隐性参照系

从涵盖范围上看，网络议题往往以单个现实事件为导火索。而网络核心议题则是综合多个网络议题及其所涉事件后凝练、概括出的大主题，其覆盖面更广。从时间跨度上看，网络议题从出现到消亡大多经历数天、数周或

① 王辰瑶，方可成. 不应高估网络言论：基于 122 个网络议题的实证分析[J]. 国际新闻界，2009(05)：98-102.

是数月,而网络核心议题因其反映的是某个历史时期最普遍的公众期待与诉求,有可能横跨某个社会发展阶段,表现出更强的重复性、持续性。

形色各异的偶发热点事件背后,总能找到恒定"母题"。现阶段,容易激活触碰到网民敏感点的网络核心议题主要包括权力滥用与权利剥夺问题、贫富差距问题、城乡差距问题、原生家庭问题、性别身份问题、伦理道德争议等。衍生话题则难以计数。网络核心议题背后隐藏着某种普遍的社会情绪、态度诉求和价值观念。

(一)社会资源再分配:转型期个体压力与生活焦虑

2019 年,自媒体"咪蒙"一篇名为《一个出身寒门的状元之死》的文章在社交媒体刷屏。文章多处虚构,刻意煽情,认为富裕家庭的孩子比贫困家庭的孩子有更多机会接受高等教育,而寒门学子即使千辛万苦考进名校,也因为缺少其他资源而很难在社会上获得成功。这种直指社会资源流动问题的"焦虑体"叙事还有很多,均成为自媒体"爆款"。

与之类似的还有每年春节前后都会以不同形态出现的"返乡体"——指受过高等教育的准知识分子以较强的知识和道德优越感,"在春节假日期间返乡记录村庄生活,并在公开媒体平台上发表的纪实文章"①。其叙事框架基本类似:农村学子几经奋斗终于落户城市,但返乡后却发现家乡发展停滞、村民愚昧落后(见表 5-1)。

表 5-1　部分返乡体主题呈现②

作者	作者身份	文章标题	首发平台	上线时间
王磊光	上海大学文化研究系博士生	一个博士生的返乡笔记:近"年"情更怯,春节回家看什么	澎湃新闻	2015 年春
王君柏	江南大学法学院社会心理学副教授	失落的乡村:一位大学教授的乡村笔记	不详	2015 年 9 月 17 日

①② 孔德继."知识精英"的处境与"返乡体"的爆红[J].教育学术月刊,2018(1):24-34.

续表

作者	作者身份	文章标题	首发平台	上线时间
杨仁旺	人大附中西山学校教师，毕业于北京大学社会学系	北大才子：真实的中国农村是这样的	《中国青年报》	2016年2月19日
黄灯	广东金融学院教授	一个农村儿媳眼中的乡村图景	《十月》杂志	2016年1月27日
高胜科	《财经》记者	春节纪事：一个病情加重的东北村庄	《财经》杂志官方公众号	2016年2月14日

上述文章虽然都采取第一视角的手记形式，但有些文章的真实性存疑。甚至一些文章已被证实为凭空捏造，被责成下架。但需要指出的是，无论文章内容真假，上述文章都有大量网友留言，深表认同。尽管议题的起点是存疑的，但是网友的态度和认知却是真实的。“返乡体”文章与相关议题的出现，实际上是当下城乡转型过程中公众复杂情感结构的折射。一段时间以来，高速的城镇化进程使得乡村留守化、空心化问题日益显现，这些问题不仅仅局限在经济层面，还进一步影响到社会文化和情感层面。换言之，“返乡体”的创作与传播可以理解为公众对社会压力与焦虑的一种表达，这种压力与焦虑不仅表现为“乡怨”，而且逐渐延伸为“城困”。

2019年4月以来，随着“工作996，生病ICU”事件的刷屏，以“996”为代表的城市高强度工作与加班文化成为网络空间的热点议题，阿里巴巴、京东等知名企业的负责人相继就“996”发表看法更是使得该议题的讨论热度居高不下。“996”代表了高压力的城市工作模式，相关议题内含的压力与焦虑，迅速引发了公众对于工作与休息、奋斗拼搏与加班文化、员工权利与企业治理的广泛讨论。不久后的11月，“网易暴力裁员”事件使得相关议题再次回到公众视野。涉事员工在网易工作5年期间加班至少4000小时，最终却在身患绝症的情况下被公司强制要求解除劳动合同。

不论是“返乡体”文章中对乡村生活的思虑，还是“996”“暴力裁员”议题中对城市高压工作的反抗，事件背后公众探讨的核心均指向现代社会激烈竞争下的压力与焦虑。经济与技术的发展确实给我们的社会生活带来了更多的资源与机会，但同时，“更广阔的时空”也必定伴随着安全感的降低与不确定性的增加。相关典型事件的接连曝出,不仅使社会压力、焦虑情绪成为网络空间讨论热度最高的议题类别之一,而且也反过来促发了焦虑文化在网络议题参与群体之间的广泛传播,甚至发展为当下网络公共领域内典型的文化现象,最具代表性的就是"佛系"文化在网络社会的流行。

"佛系"一词表面上指的是淡定、洒脱的心理倾向,内在透露出的却是逃避、消极的态度。由于城市间的发展水平不均衡,北上广深集中了绝大多数优质资源,造成了二三线城市、农村人口的大规模流动。对于众多到一线城市打拼奋斗的青壮年群体而言,新环境的工作与生活压力让他们疲于应对,付出和回报之间的长期不匹配,催生了焦虑与无奈。这是公众"佛系"转向的重要心理诱因。"衰""丧""隐形贫困"等网络文化的传播与流行,甚至"葛优瘫"都是现代人对自身焦虑内心的描述。

焦虑体、返乡体尽管表现形式各异,而且不排除自媒体故意赚取流量的因素,但这些议题聚焦的是相同的问题:人们开始越来越直接地面对发展不平衡、不充分的社会现实。这些议题反映的也是相同的社会心态:房价高、落户难、上学难、就业难、就医难等问题使大众对阶层固化的担忧情绪不断上升。

美国学者 S. A. 斯托弗曾提出相对剥夺论,所谓相对剥夺,即当人们将自己的处境与某种标准或某种参照物相比较而发现自己处于劣势时所产生的受剥夺感。这或许可以解释为什么占据了网民大部分的中低产阶层对高收入阶层及精英群体总是存在一种普遍仇视感。对于财富,大量网友表现出仇视态度。在一系列网络热点中,财富在网络空间都带有原罪,当事人"有钱"约等于"有罪"。而现实生活中社会阶层流动的相对凝滞,则带来了更为长期的相对剥夺感,也就体现为网络空间中不假思索的仇官仇富心态。这种心态背后,是对现实生活的无奈、不满,对未来不可改变的焦虑,以及对少数成功者的艳羡。唯独少见的是,对财富和上升渠道的健康理解,以及集体创造财富的共同利益。

综上所述,偶然之中的必然就在于,网络空间中的热点议题虽然具有单一事件特殊性,但从其发生发展的过程看,都能找到更为深刻的历史和现实根源。近年来,随着我国城镇化进程的加快,人口不断向城镇流动,由此带来的大都市生活、高强度工作等一系列社会压力现象逐渐显现,资源占有不均的问题突出。这是社会资源再分配过程中的短期失序,是社会快速转型期复杂矛盾的外化。

(二)社会角色再分配:性别意识多元化

2018 年 9 月,教育部与中央电视台合作打造的综艺节目《开学第一课》再度播出。出乎意料的是,节目播出后,一些家长对节目邀请的嘉宾表现出强烈的抵触和反感情绪,认为节目开场出现的几位年轻男性艺人"唇红齿白""身材纤细",极度缺乏阳刚之气,甚至直接冠以"娘炮"之名,一时间"少年娘则国娘"的论调充斥网络空间。而后主流媒体新华社、人民日报社发布的评论文章《"娘炮"之风当休矣》《什么是今天该有的"男性气质"》更是促使该议题成为全网讨论热点。与此同时,也有一些网友认为"不应该拿性别刻板印象来约束别人""阳刚与柔美同样值得被欣赏""做自己就好",认为男性身上拥有"女性气质"并无不妥,许多观众就是喜欢这类的日韩系"小鲜肉",将性别气质与家国命运联系起来的论调实属无稽之谈。

除此之外,2019 年火遍全网的"变装大佬"韩美娟凭借浮夸的烟熏妆、雷人的女装造型,以及那句魔性的"百因必有果,你的报应就是我",成为 2019 年最具热度的网络红人之一。知名度提升的同时,关于他的争议也从未停止。不少网友认为韩美娟"雌雄莫辨"的风格是在刻意扮丑,但也有人看到了他背后的努力,认为这是一种辛勤的创作。"口红一哥"李佳琦创造了电商销售奇迹,也重新定义了男性的社会角色。传统意义上孔武有力、果敢坚毅的阳刚男性,未必是唯一的审美标准,甚至不是男性唯一的社会角色。

在男性气质多元化的同时,"女性独立"越来越被中国中产阶级及上层社会精英视为"政治正确"。《创造 101》的王菊、学霸美女、女性性别优势、女性因生理期受到优待、传达女性独立思想的电视剧……性别气质议题频频成为网络公共议题的焦点,公众对女性议题的关注度从未减弱。

从这类性别气质议题内两种截然不同的声音中,不难发现当前网络空间中广泛存在一种性别审美差异。抨击现代男性缺乏"阳刚之气"的大多是 70 后至 50 后,这一群体的性别观念相对刻板、保守,因此对男性气质的描述更多地突出体力性和竞争性的特质。而在后工业环境和文化逻辑中成长起来的 90 后、00 后,其对男性气质的想象日益多元,以至于逐渐出现了精致、温柔等中性乃至女性倾向。事实上,倾向于阳刚的"男性气质"还是柔美的"女性气质",这一看似自由的选择背后,是不同群体所接受的不同的社会规训在起作用。"不同世代的性别审美标准之间的博弈和对抗"①,表面上是网络空间有关性别气质与角色认同的再定义,但在更深层次上,表现出的是个体自我意识加强所呈现出的审美多元化。

(三)社会公平再平衡:弱势群体权益保障

弱势群体保障类议题似乎格外能引起公众的关注,例如"清理北京周边低端人口""吴花燕筹款事件"等。在各大社交平台上,这类议题正逐渐超越环境保护、医疗健康等传统热门议题,成为新的网络舆论侧重点。当前网络空间中探讨的弱势群体类议题主要指涉三类群体:一是女性群体,如"王晶晶遭受校园暴力事件""吴花燕筹款事件";二是儿童群体,如"杭州小童模被殴打事件";三是底层劳动群体,如"劣质安全帽事件"等。

以"吴花燕筹款事件"为例,这位 4 岁丧母、18 岁丧父,从小和弟弟相依为命的女孩身世悲惨。她的故事让社会各界纷纷伸出援手。2020 年 1 月,吴花燕因病入院,经抢救无效死亡。她去世后不到一天,作家陈岚便在微博上爆出中华少年儿童慈善救助基金会 9958 项目内部存在的囤积捐款、拖延拨款等问题,称 9958 儿童紧急救助中心通过在平台上卖惨,先后以吴花燕的名义筹集了 100 万善款,最终却只给其拨款 2 万元。消息引发全网愤慨,相关平台与慈善项目遭到网友质疑。

弱势群体类议题参与热度的持续提升,折射出的是公众日益提高的公平观念。一方面,网络促进了"不同信息系统、形式场景的丰富与融合,对群体身份产生同化影响"。换言之,互联网为不同群体提供了一个日趋同化的信息网络,而"由此带来的观念共享以及更加公共的场景,使得原本较为孤

① 盖琪.性别气质与审美代沟:从"娘炮羞辱"看当前媒介文化中的"男性焦虑"[J].学术研究,2019(7):151-155.

立、少数与弱势的群体成员开始要求平等的权利和待遇"①。另一方面,构建、参与涉及自身权益保障的网络议题,除了可以为平权目标而努力之外,也能够在网络世界中找寻到弱势群体间的联结,使得不同群体之间的依赖性日益加强。例如在"劣质安全帽事件"所引发的一线工人安全议题中,不同领域的网民都加入到议题的讨论中。

(四)社会伦理再定义:对比中的隐藏参照系

关于社会规范的形成,谢里夫曾在游动现象的实验中做过有关遵从效应的研究,其理论依据是:社会规范的形成是将其内化为个体的心理尺度和自觉行动内部观念后,完成个体社会化的过程。而费尔德曼则认为,"规范可从周围的社会环境中导入,同时社会群体内发生的重大事件也会产生某种规范"②。

若将互联网网民当作一个大的社会群体,将社交网络中能够引起广泛争议的热点事件当作所谓的"重大事件",尤其当有些事件在当前社会形态下、在互联网语境中已不能用传统伦理去解释与规范,却又触及伦理道德的底线时,那么网民就热点事件形成舆论、引发争议便可看作网络社会新规范建立的过程。

网络核心议题的本质是社会现实问题的延伸。网络伦理与现实伦理存在延续关系。网络伦理与现实伦理所触及话题在本质上也具有一致性,很多网络伦理争议实则是传统伦理问题在网络时空的延伸。网络核心议题的讨论中也可看到网民讨论的行为本质。虽然每一个网络热点都有偶然性、特殊性,但网民讨论的行为本质是恒定的:网络空间中的伦理规范建立与维护,可解决指向未来的"应不应该"的实然问题和指向过去的"太不应该"的应然问题。

从高铁上该不该吃泡面引发的一系列有关公共空间道德的争论,到宁波大妈摔手机掀起了拾金不昧与合理索酬的争议;从微博封杀耽美引起对

① 梅罗维茨. 消失的地域:电子媒介对社会行为的影响[M]. 北京:清华大学出版社,2002:125.

② 郑晓明. 社会规范研究综述[J]. 心理学动态,1997(4):16-21.

性少数群体的重新审视,到公益领袖涉嫌性侵引发对“公德”与“私德”的重新定义,在法律还未完全触及的灰色地带,网络伦理规范的外延被不断延伸,网络伦理的维护方式也在不断更新。

具体可以分别对应两种情况:不同观点的激烈碰撞,单一观点的高频共振。一种,议题本身没有标准答案。马云的996工作制、江歌案、娘炮……基于不同立场和观察角度,大家都能够得出自己的答案。但“横看成岭侧成峰”,答案之间彼此矛盾,讨论陷入二律背反。这类争议性话题的背后,对应的规则也是模糊甚至缺位的,没有成形的方案直接用来应对。在这种情况下,网民讨论的本质是尝试寻找解决方案,建立新的规范。

另一种,议题本身不存疑,结论清晰。如昆山龙哥恶意伤人、宝马女嚣张打人等社会公平问题,山东疫苗案、魏则西事件等医疗卫生问题,等等。网民讨论的本质则是通过声讨进行纠偏,维护旧的法律法规、伦理规范。网络讨论热度,等于事件与社会正常秩序偏离的差值。

需要进一步指出的是,网民的讨论虽然集中于单一事件的实际范畴,但是这种讨论并不是表面上看到的一事一议。网民自己甚至学界都似乎没有意识到,网络的讨论表面上只有一个议题,但其实暗含了与另一标准两相对照的比对行为。这个标准就是既有的社会正常秩序,法律法规、公序良俗、家庭伦理等都是显性网络讨论的隐形参照系。当然参照系并不固定,也可以是当下与过去的比对、国内与国外的比对。

三、网民集体议事的失范及归因

中国传媒大学罗青教授认为,舆情不能直接等于民意,是民意的传播情况。网络核心议题的呈现受制于新的网络社会结构与网络传播规律。

(一)议题漫射与议程拉锯

在进行网络公共议题探讨时,公众位于一个实时开放的“议事空间”内。这一空间中信息动态变化,事件走向急速更新,常常使得议题在漫射中偏离探讨重心。

信息不完善导致网络规范无果性趋向。谢里夫认为,“游动实验最终产生的遵从行为并非盲目的服从,而是由于缺乏必要的信息所引起的”[①]。对于社会事件,事实信息的缺位容易引起多方猜测臆断,往往是事件快速发酵的催化剂。回顾近年来轰动互联网的一些热点事件,它们之所以掀起全网热议,与关键人物、关键信息的缺位不无关系——江歌案中死无对证的江歌,汤兰兰案中始终未曾露面的汤兰兰,无论是网民还是媒体,当取得信息的渠道仅来自“幸存者”时,不可避免会产生“幸存者偏差”,偏离事件本身的议程。

值得一提的是,许多伦理事件的舆论膨胀期也恰在其信息不完善,即争议空间较大之时。知微数据显示,在江歌案相关话题中,全局舆情指数峰值为 3024,出现在当年 11 月 14 日局面专访江歌妈妈及刘鑫之后,随后舆情逐渐平息直到江歌案开庭,而在 12 月 20 日宣判当天,全局舆情指数仅为 1093,事件随后迅速平息。[②] 可见网民聚焦的是伦理维护的过程,而非单向地求果。正如《娱乐至死》中所说的:“奥威尔害怕的是真理被隐瞒,赫胥黎担心的是真理被淹没在无聊烦琐的世事中。”[③]一方面,在多边舆论场博弈的大环境下,媒体议程设置容易受到多方干扰,分散网民注意力;另一方面,有些事件的信息完善需要一定时间,造成滞后效应。

这首先表现为,随着网民讨论的推进与深入,议题的指向对象和核心诉求不断转变。以红黄蓝幼儿园事件为例,议题的指向对象从最初的涉事教师到部队官员再到办学单位;公众的核心诉求也实现了从严惩教师到反对官员特权,再到严格规范教学秩序的三次转向。另外一种情况是,公众在意见交锋与对峙过程中,基于原始议题裂变出多种新议题。例如在“翟天临学术门”事件中,中心议题从学术不端转向招生与教育公平,而后又聚焦到高校教师腐败问题,议题失焦、衍化的速度令人惊讶。这种浮动的议题讨论和议题转向显然不利于形成有代表性的公众意见,也无益于现实问题的解决。

---

① 参见百度百科,https://baike.baidu.com/item/%E8%B0%A2%E9%87%8C%E5%A4%AB%E7%9A%84%E4%BB%8E%E4%BC%97%E5%AE%9E%E9%AA%8C/566949?fr=aladdin。

② 数据来源:知微数据。

③ 波兹曼.娱乐至死[M].章艳,译.北京:中信出版社,2015:2.

同时,实时开放的网络"议事空间"也意味着,参与主体可以随时"进场"与"离席",从而使整体议事进程在循环拉锯中停滞不前。一方面,在议题讨论过程中临时"进场"的参与者必定要求共享背景信息。虽然互联网的超强链接与储存能力为其自行回顾"前情资料"提供了技术支撑,但是由于前续议程经历的缺失,加之在海量的信息中找寻目标资料难免有所遗漏,"中途与会者"常常会就诸多问题与其他参与者展开质询或争辩,因而在一定程度上使议题讨论陷入无意义的重复。

另一方面,网络议题参与的超低门槛与随意退出机制,导致网络议题探讨在许多时候只是流于个体观点的表达而脱离了结果导向。亦即,网络议题参与常常缺乏明确的共同目标,许多网民可能表达完自己的观点就"先行离场",而对最终的意见凝聚结果并不在意。因此网络公众意见很多时候只是"量"的简单相加而无法产生"质"的突破融合,这与网络议题通过公众探讨催生代表性意见从而改变现实的初衷相悖。

(二)网民议事能力偏低

现阶段网民媒介素养偏低,网络讨论经常依靠朴素正义感、先入为主的价值判断、四舍五入的真实来开展。传播的仪式观是美国传播学者詹姆斯·凯瑞提出的一种传播观念,"它更强调传播活动的意义分享和信仰构建价值,是对只强调信息传递与控制的传统传播方式的超越"[①]。近年来,网络议题在传播过程中也愈来愈具有"仪式化"的特性,主要表现为公众在参与网络议题讨论时,常常通过相似的"标签"或"影像"将议题塑造成强势霸屏的"媒介景观"。

例如每当涉及城管的新闻事件出现,网友就习惯性地贴上"暴力执法"的标签后加以转发,以调动起舆论对执法者的谴责与声讨。这些"仪式化"的传播方式确实扩大了事件的覆盖面与影响力,但更多的是刺激了公众对典型事件的猎奇心理,反而消解了他们对核心议题本身的关注。以巴黎圣母院突发大火为例,在事件发生后不久,国内社交平台上就出现了许多诸如

① 张淑芳. 仪式化传播的观念塑造与价值引领[J]. 当代传播,2017(2):35-39.

“教堂外巴黎市民跪地齐唱《圣母颂》”的短视频，引起了广大网友的转发热潮，最终促成了该视频在网络空间的“刷屏”。不过“关于巴黎圣母院的铺天盖地、同质化的哀悼狂欢与追踪式报道，实际上犹如悬浮在观者日常生活之中的多个窗口，人们打开时带着同情心发表哀悼，关上后又若无其事地继续自己的生活”①。通过现场的短视频，人们基本了解了教堂的损毁程度，但能够透过火灾进而关注并思考文物保护议题的却寥寥无几。

“仪式化赋予传播内容新的生活化内涵，使得人们忙于接受大量表层信息。”②公众陷入对表面事件的猎奇与追逐，因而往往忽略了对指涉议题本身的深层内涵、现实意义的深入挖掘与思考。

此外，阅读质量的下降也是直接原因。哈贝马斯在谈及公共领域理论时强调了公共领域的构建首先仰赖于“以阅读为中介，以交流为核心的公共交往”③。网络极大地提高了公众交流的范围、效率，这无疑为公共领域的结构转型以及公共议题参与主体的扩大带来契机。但与此同时，长时间的网络使用使得人们形成了碎片化的阅读习惯；批量复制的短视频、综艺节目等高度娱乐化内容的轮番轰炸，加速削弱了公众的深度思考与思辨能力。“缺少以阅读为中介的高质量的交往，也就缺少有力量的公共空间来影响环境”④，深度、严肃信息资讯的缺失以及公众对娱乐化内容的追捧与沉溺，导致公众在网络议题参与中，常常陷入表层信息及对事件的猎奇和狂欢之中。

(三)议事过程中的聚焦与失焦

“转眼之间，我们的社会结构竟然发生了如此深刻的变化。……其速度之快、比例之大在历史上也是绝无仅有的。与这种社会类型相适应的道德逐渐丧失了自己的影响力，而新的道德还没有迅速成长起来，我们的意识最

---

① 傅适野. 巴黎烧了吗：火灾背后的文明等级、影像狂欢与技术反哺[EB/OL]. (2019-04-18)[2019-05-20]. https://mp. weixin. qq. com/s/rRgqjP7QnVl2_u0yJn--BA,2019-4-18.

② 曾映晓. 浅析网络传播中议题的仪式化[J]. 视听,2018(10):170-171.

③ 哈贝马斯. 公共领域的结构转型[M]. 上海：学林出版社,1999:4.

④ 张殿元. 技术・权力・结构：网络新媒体时代公共领域的嬗变[J]. 中国地质大学学报(社会科学版),2017,17(6):138-144.

终留下了一片空白,我们的信仰也陷入了混乱状态。"①这是涂尔干面对百年前转型中的法国发出的感叹,而在如今现实社会向网络社会变迁的大背景下,这段对于社会结构引发道德变迁的经典论述依然引人深思。曼纽尔·卡斯特呼吁人们必须直面新型的网络社会②,这也同样包括网络伦理规范所带来的新特点。

首先是道德评价泛化现象:面对互联网铺天盖地、真假掺杂的新闻消息,网民仅根据吸引眼球的标题或片面事实就急于作出道德判断。事实信息的缺位与滞后为民间舆论场的道德评价过剩提供了空间,而参与道德评价的低成本性则为道德评价泛化提供了充分条件。黄明理教授曾指出泛道德化评判的基本特征——"在道德外延上将非伦理现象伦理化;在道德评价标准上理想主义化和双重化;在道德批判方法上将特称判断全称化"③。网民对社会事件的聚焦点往往不在事实本身,而在于通过发表言论来表达个人的伦理观、道德好恶。但凡涉及伦理的争议与话题,总能在传播上占得先机,因此即便是非伦理事件,为了达到传播目的、形成群体效应,网民也总是会突出放大其伦理色彩,选择性忽视其他信息。

其次是对伦理事件的过度聚焦。上述反精英情结的另一面在于网络民粹主义的盛行,这体现为盲目极端的弱势认同心理。以引起广泛热议的小凤雅事件为例,在事实信息不全面的情况下,微博、微信等社交平台的KOL进行了集体性情绪煽动,《"救我……"三岁女婴正在等待被父母拖死》《妈妈你真的那么盼望我死吗?就因为我是女孩?》《三岁王凤雅之死:性别为女,是她的原罪?》等带有强烈伦理指向性的文章令网民把目光几乎全部聚焦在城乡差距、重男轻女等社会议题上。在社会伦理问题上,网络舆论总是倾向于将个例中涉及的社会原生问题扩大化,将其上升为全社会议题,并在一番口诛笔伐后将根源归咎于社会道德的缺失。而众筹志愿者的集体失智和对凤雅母亲的道德绑架行为,正如戈夫曼的戏剧理论中对表演的定义:在一个确定的情景中,参与者为了以某种方式影响另一名参与者而做出的行

① 涂尔干.社会分工论[M].渠东,译.北京:生活·读书·新知三联书店,2000:366.

② 卡斯特.网络社会的崛起[M].夏铸九,等译.北京:社会科学文献出版社,2000.

③ 刘小华,黄明理.泛道德化批判思维成因论析[J].毛泽东邓小平理论研究,2013(3):62-66.

为即表演。这也进一步体现出网络民粹主义与新媒介技术对表演型人格的催生作用。

最后是对某些伦理事件关注点的失焦。网络的泛道德化批判改变了现实社会中公众以事件真实为第一诉求的伦理规范方式,能够被社交网络聚焦并广泛传播的热点往往不是某一完整的事件,而是事件中的某个人、某句话甚至某个表情动作,而网民对某一事件的了解也往往基于这些碎片信息的传播。当泛道德化的媒介拟态环境为网络事件中的全部细节都装上了伦理的放大镜,网民的聚焦点也就很容易被偏离事实主要矛盾点的次要伦理规范所干扰。这也是网络伦理规范总是难以达成意见共识,甚至舆论一边倒地集体失焦的原因。如2018年1月在社交网络引发热议的汤兰兰案中,网民的伦理抨击点并未聚焦于案情的主要矛盾与疑点,而是针对澎湃新闻和《新京报》在报道中泄露了汤兰兰的个人户籍信息进行了口诛笔伐,一件关于性侵案的纠纷争议一时间转向了对新闻从业者媒介素养缺失的批判与声讨。

但网民看似集体失智、喧宾夺主的背后,实则是主要焦虑与次要焦虑之间的博弈,这或许可以用社会角色期待的相关理论来解释。“角色是社会地位或社会期望与个体能力相统一的产物,作为‘与某一位置有关的期待行为’。”①而细化到主流媒体的社会角色,可参考丁水木对社会角色的分类:“凡是存在相对明确的社会期望、得到社会认可的角色叫作正式角色。”②主流媒体作为得到社会认可的正式角色,承担着公民赋予的角色期待,而其在社会角色上的缺位却给网民带来了真实危机。这恰恰能够说明在网民价值观中,性侵案及其纠纷所产生的恶劣社会影响只能算作次要焦虑,网民的主要焦虑来源于对主流媒体真实度缺失的恐慌。因此,所谓网络伦理规范,其聚焦点往往不与事实矛盾聚焦点直接关联,这也是为什么每一次看似反常的网络舆论爆发的背后,实则都折射出当下潜在的社会问题。

---

① 亚当·库珀,杰西卡·库珀.社会学百科全书[M].上海:上海译文出版社,1989:660.

② 丁水木.略论社会学的角色理论及其实践意义[J].上海大学学报(社科版),1987(3):49-54.

(四)议事规则的约束力弱

议事规则与程序的缺失是制度性诱因。所谓议事规则“是在民主、平等、自由、法治精神下,为帮助合议性团体与会者以有效率的方法做出决策而设定的基本会议规则”①。有效的议事规则,是网络空间自由讨论富有成效的制度性保障。而现阶段的网络议事难以获得建设性意见,甚至难以获得合议的重要原因就是网民的讨论随意性太强,“杠精”式的言论随处可见。规则缺失,遑论结论的科学性。

罗伯特所著的《议事规则》一书,根据英国议会和美国国会的实践和程序,总结出一套广泛适用于各种合议性会议的议事准则,意图“在保护个人权利与团体利益之间维持一种成功的平衡,并使一个会议能以尽可能最有效的方式达到它的目的”②。该方法后被广泛应用到多国的民间议事之中。笔者并不认为该书适合中国网络实际,但涉及集体决策的讨论,确定应该拥有一套相对规范的议事准则,以会议的程序正义、保障与会者权利、保证合议结果实现公共利益最大化。

这或许是社交媒体难以规避的问题,因为它的自身网络结构就决定了讨论主持者的职能弱化为意见领袖。在传统媒体时代的议题讨论中,报纸、广播、电视等大众媒体实际上充当了传统合议性会议中的“主席”角色,负责把控议题讨论的整体进程并通过自身的“把关”作用对公众意见的产生施加影响。但是在网络社会的公共议题参与过程中,“主席”这一管理角色的弱化,使网络公共议题讨论空间逐渐成为观点混乱的竞技场。

只有当网络群体成员具有高度的规则意识时,规则才能调节行为、维护群体内部和网络空间的整体秩序。“规则意识不仅包括对于规则的认识,而且还包括自觉遵守规则的愿望。”③但目前,宏观的法律法规、中观的平台协议与微观的群体规则,无论是成文规则还是自发的不成文规则,其作为行为准则的主观认可度、客观约束性都尚未发挥到最佳状态。

---

①② 罗伯特. 议事规则[M]. 北京:商务印书馆,2005:1.

③ 童世骏. 论规则[M]. 上海:上海人民出版社,2015:153.

与不成文规范相比,成文规则“传达了秩序、权威结构、适当政策以及惯例的形象”①。作为明文规则的法律法规、网络平台协议通常出现在用户初次注册登录时,但用户很少认真阅读,且后续没有考核和持续约束。网络空间治理的四项原则和五点主张等一系列成文的法律条例的宣传推广还不足,网民的规则意识淡漠。不成文规范更缺乏约束力。本研究通过对粉丝群体的访谈发现,网络主播的粉丝群设有房管进行管理,不设准入规则,不发公告限定发言内容,“不在直播间刷其他主播是潜规则,其他看主播个人喜好”。

另外,违反规则的代价太低,导致网友经常无视合理规则。以百度贴吧“帝吧”为例,吧主与吧务以公告的形式规范吧内成员的行为,呼吁“全体吧友多发优质内容,共同抵制论坛垃圾”,设置“一朝做流氓,十年挂南墙”的主题帖,公示色情内容散布者的 ID、等级与违规原因并将之查封。帝吧的这一管理行为与百度贴吧协议第 8 条对用户行为和传播内容的规定以及《互联网群组信息服务管理规定》《互联网论坛社区服务管理规定》等相关法律规定相契合。但可以发现,吧内成员所发布的内容以及后续跟帖仍然存在一系列“擦边球”问题。

(五)群体极化消解对议题本身的关注与思考

单向传播时代的多数理论默认受众是彼此独立、被动接受的个体,传统媒体可以通过多种手段成功设置新闻议程。但进入社交媒体时代后,网络群体不仅不全盘接受,而且还会集体进行二次议程设置——曲解甚至对抗原始议程。在很多情况下,群体传播并未使新闻更加接近客观真实,而是产生误读。现阶段的表现形式主要有三种:过度解读,表现为对新闻细节的非必要放大,将无关意义强加于新闻事实,建立谬误关联;偏向解读,即从完整议程中摘选一部分,脱离上下文语境重新赋予价值;逆向解读则是全盘否定原始议程,彻底推翻原有观点或情感。

① 马奇,舒尔茨,周雪光. 规则的动态演变:成文组织规则的变化[M]. 童根兴,译. 上海:上海人民出版社,2005:20.

究其原因,首先,传统媒体的单向传播模式与社交媒体的群体传播模式存在底层差异。群体传播去中心化、反权威,其观点并非经由一次议程设置就最终定形,而是在对话和互动中产生且不断变化。其次,群体的新闻解读是在人际关系链上进行的,其所在群体的独特价值取向、同侪压力、刻板印象等都会对其新闻解读产生影响。

从个体决策到群体决策,更本质的问题是,群体对进入社交媒体议题有极强的选择性和自主意识。网民会基于不同的群体属性及利益诉求,针对某一议题进行重新解读,也就是"二次议程设置"。这就造成了在媒体融合的现实语境中,传统媒体依然能够设置议题的起点,但难以把控议题在群体传播中的后续走向。传统媒体原有的议题结构失效,原文传递的思想难以完整复原。在群体传播过程中,群体内的群体压力、群体偏向性会对信息传播产生巨大影响,而传统媒体的信息设计以客观性为基础导向,尽可能摒除主观因素,二者结合之下,就容易形成群体传播对大众传播带有主观色彩的处理偏向。这种情感通常是非理性的负面情感,更多的是制造不同意见之间的对抗以及公众对典型事件的猎奇,这反而消解了他们对核心议题本身的关注。

感染理论认为,"集群行为发生时,有意识人格消失、无意识人格得势,思想和感情因暗示和相互传染作用而转向一个共同的方向"①。网民参与公共议题时融入情感诉求,易受他人尤其是意见领袖的情绪感染并在集体无意识的作用下付诸行动,网民的情绪化互动在网络空间中形成的情感共同体将对议题发展产生深刻影响。勒庞指出,在群体中每种感情和行动都有传染性,"其程度足以使个人随时准备为集体利益牺牲他的个人利益"②。

情绪化网络群体的表达倾向高度一致,网络中的其他声音被淹没在群体情绪一边倒的格局中,最终形成极端观点。同时,就某一群体而言,他们对信息的接收与传播易被限定在该群体所容纳的特定范围内,群体成员封闭于信息茧房中,大家所拥有的共同目标指向不断被强化,这使得某些价值观被强化,部分价值观则被重新修改树立,甚至与现有社会规范产生差异。

①② 勒庞. 乌合之众:群体心理研究[M]. 亦言,译. 北京:中国友谊出版公司,2019:15.

以《开学第一课》引发的男性"娘炮"争议为例,在该议题建构的初期,部分反对网友还能围绕着己方的观点"男生就该有男生的样子"与其他议题参与者展开讨论。但随着这一观点持有群体的扩大以及议题参与的深入,群体内部的声音不断被强化,很快就有内部参与者被情绪裹挟,将当下流行的"娘炮风"上升为一种刻意强化并扭曲呈现的"人设",认为这种病态文化对青少年的负面影响不可低估。

另外,当其他观点不符合群体内价值取向时,群体成员将迅速反应并一致攻击。在"娘炮争议"议题中,当有参与者表达出"做自己就好,女性气质并没有什么不对"之类的观点时,很快就遭到反方群体的集体炮轰,甚至升级为对涉事男星的人格侮辱和谩骂。他们指责擦着厚粉、涂着红唇的新 F4 组合过于"娘娘腔",甚至有义愤填膺的网友提出,要动用国家力量"把伪娘彻底赶出舞台"。

他们并未意识到其毫无节制的激进言论和情绪在议题讨论初衷和价值取向上已产生了畸变。在这一议题上,议题参与者关注与探讨的核心本该是审美观念、性别文化对青少年成长的影响,但是在各自观点和情绪的强化下,人们能够透过对娱乐明星的外表、气质的讨论进而关注并思考性别文化与审美教育议题的寥寥无几。可见,在公共议题参与过程中,群体极化常常使公众陷入对表面事件的猎奇与追逐。群体情绪赋予议题新的世俗化内涵,使得人们忙于接收大量表层信息,忽略了对指涉议题本身的深层内涵、现实意义的深入挖掘与思考。

四、加强网络空间正面宣传:模因论策略

尽管网络空间议题有失范现象,偏离甚至对抗主流议题,但笔者认为,虽然多元声音不是最有效的达成统一意见的方式,但总体来看,网民的核心诉求并不是攻击政府或事件当事人,而是改善个人生活品质,是一种向上的"改善诉求"。它能够以互动的方式寻找矛盾的解决方案,有其特定的积极作用。

对于网络议题的引导而言,更重要的是如何针对现阶段的网络议事现状,以创新方式达成共识,形成网上网下同心圆,进而进行主流价值观的

宣传。

2011年8月,中共中央宣传部等五部委联合下发《关于在新闻战线广泛深入开展"走基层、转作风、改文风"活动的意见》,要求"各新闻单位要在密切联系群众中学习群众语言、熟悉群众语言、善用群众语言,拉近新闻报道与人民群众的距离,使群众能够听得明白、听得进去"①,开启了新闻业语态转变的新征程。以2019年的"两会"报道为例,《政府工作报告将"上新"先看看去年的对账单》《两高报告的干货,都在这组数据里了》《5G来了,我们的产业格局将怎么变》等新闻内容凭借接地气、具有贴近性并适应互联网用词习惯的语言表达成功引起了公众的关注,进而对新闻所指涉的最新政策等议题展开广泛讨论。

此外,政治新闻报道在形式上的创新与融合,也提高了其指涉议题的亲民性,促进了公众对政治类议题的理解与探讨。以近期的数据新闻为例,"通过挖掘和展示数据背后的关联与模式,利用丰富的、具有交互性的可视化传播,形成精彩的新闻故事"②,让公众对媒体所要构建议题的历史背景、当前状况或总体规律有更具体、细致的了解,进而能更加积极主动且理性地参与到议题讨论之中。例如数据新闻节目《数说命运共同体》通过挖掘海量的数据资源,以地图、图表、动画等多种形式向公众立体化地展现出"一带一路"沿线各国间的密切联系,在引起广泛关注的同时也加深了网民对"一带一路"建设议题的思考。

笔者认为,网络空间议事的失范及其相关的负面效应,一方面要引领,即便是老生常谈,但这的确是弥补网络集体议事缺陷的主要办法。但另一方面,还要进一步挖掘新的传播规律。网络公共议题不完全是完整议题,也不完全是复杂论证。很多时候,对于网络空间讨论,网络治理习惯于正面进攻,用大体量、结构复杂的正面宣传去调和网络中的戾气。一直以来,对群体的治理追求规模效应,却忽略了网络是同样具有文化基因的。有时候,小

① 《关于在新闻战线广泛深入开展"走基层、转作风、改文风"活动的意见》,中宣发【2011】35号文件。

② 郎劲松,杨海.数据新闻:大数据时代新闻可视化传播的创新路径[J].现代传播(中国传媒大学学报),2014,36(3):32-36.

的东西却能够起到复杂舆论调节无法达到的效果。

网络模因就提供了一个思路。

“3、2、1,爱就像……”听到这一旋律,很多网友可以迅速接出下半句:“蓝天白云,晴空万里,突然暴风雨。”这是一首在2018年火遍社交网络的“神曲”,被网友广泛使用。有趣的是,即便在观看、模仿了无数版本之后,仍有许多人不知道:这首神曲早在2014年就登上了央视春晚舞台,歌名叫《答案》。从电视到社交短视频,两个媒介引发流行的传播机制、大众文化的消费逻辑出现了明显差异。

如果说传统媒体是通过物理介质进行一级传播的,那么社交短视频就是通过人际关系链上的复制和改编进行多级传播。相对于电影电视、网综网剧等门槛较高的长视频,社交短视频不仅满足单次、单向的视频观看,还大幅度激活了模仿和互动,鼓励用户加入新创意,进行版本衍生。在新的用户行为驱动下,网络短视频业务异军突起。中国网络视听大会在2019年5月发布的《2019中国网络视听发展研究报告》显示:“2018年我国网络视频(含短视频)用户达7.25亿……其中短视频市场规模467.1亿元,同比增长744.7%。”①社交短视频的特有复制模式和飞速增长,使其成为模因论最有代表性的分析样本,也成为网络空间正面宣传的重要阵地。

(一)模因论的网络观

牛津大学理查德·道金斯教授试图借鉴生物学的遗传及变异研究,阐释宏观的文化继承与发展。在《自私的基因》一书中,道金斯首次提出在文化传承过程中存在着一种“与基因在生物进化过程中所起的作用相类似的东西”②。它保持了文化的稳定,也促进了文化的创新。决定生物遗传与变异的内在因素是基因(DNA),与之对应的决定文化继承与发展的最小单位被道金斯命名为模因(meme,亦有米姆、迷因等译法)。基因有明确的双螺

① 人民日报.短视频何以“快生长”[EB/OL].(2019-05-29)[2020-01-12].http://culture.people.com.cn/n1/2019/0529/c1013-31107732.html.

② 中国社会科学网.关于meme的几个问题[EB/OL].(2014-01-08)[2020-01-12].http://www.cssn.cn/yyx/yyx_gwyyx/201401/t20140108_938842.shtml.

旋生物学结构,模因则是一个外延广泛的集合概念。所有可复制元素,无论主观客观、内在外在,都算作模因。“既包括某种思想、具有该思想的具体的大脑结构、由这种大脑结构产生的行为,也包括书籍、绘画作品、乐谱等实体引发出来的复制现象。”①

道金斯之后,丹尼尔·丹尼特、阿伦·林治等学者补充了很多重要著述。近期的模因论研究开始摆脱生物学,不再强行类比,寻找两种事物的相似性,而是着重探索文化模因自身的独特规律。例如布莱克摩尔认为基因和模因的基本工作机制并不能画等号,二者目前唯一确定的共同点是复制因子的属性。更有学者进一步细化到互联网模因特质的研究,认为互联网是“最有感染力的文化信息模式”②。从方法论到本体论的转向使模因论开始具有理论独立性和更大的应用价值。当然这并不意味着模因论已经完整。例如模因论对模因生成过程的解释还需进一步细化;现有理论过于强调“流行”已经达成的最终状态,在微观模因和宏观流行之间存在一定程度的循环论证。

作为一种新的观察视角和思考方法,模因论对网络空间的正面宣传乃至对网络观本身都有重要意义。首先,模因论采纳了由宏观至微观的思考进路,把文化传播当成一个整体趋势来看待,再将流行现象抽象出很多最小复制单位,研究其客观规律。这组对立统一的矛盾关系在宏观的文化传承和微观的文化单位之间建立了关联,并为网络空间的长期稳定和短期流行找到了共同依据。其次,模因论弱化了传播中人的主观选择,强化了模因的客观性。在模因论视角下,人所起到的作用是创造、筛选模因,通过模仿来复制传播模因。更为重要的是模因自身的客观规则。复制因子变异、选择和遗传的三个规则就形象地解析了模因的演变过程,不再假定人作为行动者在文化传播中的主导地位。

---

① 布莱克摩尔.谜米机器:文化之社会传递过程的“基因学”[M].长春:吉林人民出版社,2001:115.

② KNOBEL M. Memes and affinity spaces: some implications for policy and digital divides in education [J]. E-Learning, 2006, 3(3): 1935-1941.

（二）模因论视角下的网络空间正面宣传

模因论被应用于互联网研究和实践之前，网络空间正面宣传业务大致经历了两个阶段。第一阶段是“初步抵达”：直接沿用传统媒体的正面宣传思路。作品为独家素材、立意高远，但大多是不加改变的平移的报纸电视文本，未作针对性调整，止步于网络投放。第二阶段是“经验探索”：明确以互联网思维指导内容生产，转变正面宣传的姿态语态，以更贴近互联网的传播形态摸索新的实践路径。结合热点的H5、VR、一图解读等创新尝试多次获得成功，但最终效果不甚理想的案例也客观存在。这一阶段可视为正面宣传业务与网络传播特性之间的磨合阶段，分散的实践经验尚未被升华为对互联网的系统认知，业务执行还缺少新的理论支撑。

习近平总书记指出“要主动适应信息化要求、强化互联网思维，不断提高对互联网规律的把握能力”①。“通过理念、内容、形式、方法、手段等创新，使正面宣传质量和水平有一个明显提高。”②未来的网络空间正面宣传应在重视实践创新的同时致力于理论学习和思维拓展，以理论指导实践，科学、高效地应用互联网深层规律。模因论为未来的正面宣传实践揭示了新的理论图景，其启发在于，复杂事件很少能够自我复制，大多同时体现出单一事件（触发点）的偶然性，影响力也总是存在时间和空间的局限性。但如果可以形成强势模因，它将以自我复制的形式超越初始文本的影响力，固化为优秀网络文化的组成部分。

在具体执行上，模因论也丰富了网络空间正面宣传的实践思路。既往的正面宣传以宣传者为主体，着力呈现完整、复杂且闭合的文本，包括典型人物、事件甚至抽象的主张；而网络空间大量流行的模因是以个体为主、开放参与、结构简单且不断衍化的内容和行为模因。这要求相关实践拓展创新的维度，内容设计兼顾行为设计，在时间维度上片段化设计兼顾过程化设计。现实语境中的模因遴选培育机制，也对既往的线性工作流程提出了改

---

① 习近平在全国网络安全和信息化工作会议上强调 敏锐抓住信息化发展历史机遇 自主创新推进网络强国建设[N].人民日报.2018-04-22(01).

② 习近平.加快推动媒体融合发展 构建全媒体传播格局[J].奋斗，2019(6)：1-5.

进要求。

1. 模因拷贝:从观看到模仿、从内容设计到行为设计

生物基因被编码于 DNA 之中称为基因型,与此相应的外显特征叫作表现型。基因型是塑造表现型的指令信息。有鉴于此,布莱克摩尔提出两种模因拷贝方式:一种是拉马克式进化,是对结果的拷贝,传递的是表现型本身;一种是魏斯曼式进化,是对指令信息的拷贝,传递的是指令信息。模因论视角下,大量的网络热点都能析出内容模因和行为模因。网络热点背后有拉马克式、魏斯曼式两种复制模式同时运行。

既往的正面宣传经验利于促成拉马克式拷贝,对最终呈现的表现型拷贝,也就是不加修改的原文进行转发分享。这种复制的成功率高度依赖模因的文本本身,要求处理好正面宣传与网络社会核心议题之间的关系,灵活调度叙事元素。此类模因复制有较高保真度,在凝聚共识、统一思想方面不可或缺,但笔者认为其后续的创新空间相对有限。因为这一模式本质上仍是建构以宣传者为主体的单向度网络,没有从根本上改变传统宣传的传受关系。

"模因是储存于大脑之中的、执行行为的文化信息。"①与拉马克式拷贝不同,魏斯曼式拷贝并不直接复制最终形态,而是复制基因型的指令信息。曾风靡全球的冰桶挑战、地铁丢书,我国的转发锦鲤等均体现出魏斯曼式拷贝的特征:拷贝全部或部分需要执行的动作,而不直接拷贝最终呈现形式。含有指令信息的社交短视频模因不仅用于静态观看,更可用于发起参与,可以说是视频化的行为规则。例如我国北方网民曾参与的抖音话题"泼水成冰"。它的指令是在严寒的户外向空中抛洒热水,并用慢动作拍摄下水蒸气瞬间结晶的视觉奇观。"爱的手势舞"则是根据背景音乐中响指的节奏,快速变换旅行场景。"seve 舞""Dura 舞""张嘉译走路"等行为模因都曾成为网民行为模仿的热点。

行为模因已经成为网民自我展示、建立关系的社交仪式链的一部分,具有更强的组织动员能力。在兼顾内容设计的同时,正面宣传可尝试引入更

① 布莱克摩尔. 谜米机器:文化之社会传递过程的"基因学"[M]. 长春:吉林人民出版社,2001:30.

多的参与式行为设计。实践已经证明,成功的行为模因能够激发深层次的群体认同。“九三阅兵”期间的微博策划“我向老兵敬个礼”,自发参与人数超百万,并取得了1.2亿的浏览量,在所有衍生话题中排名第一。引入更多行为设计,需要从观念上改变正面宣传只能以我为主的僵化思维,尝试将执行主体变为每一个网民,从组织单向发声转向群体共同发声,并把行为设计作为一种新的业务形态进行深入研究,科学合理地设计指令信息的行为难度、触发机制、激励机制等。

2. 模因进化:从单一作品到复合模因、从片段化设计到过程化设计

道金斯指出:“如果某一复制因子在自我复制过程中产生了完善程度不同的复制品,其中只有某些复制品能够存活下去,那么进化过程就必然发生。”模因在网络空间的根本利益是生存,也就是把自身的复制当成首要目标。然而互联网的海量信息使可用于复制的注意力成为稀缺资源。在模因世界的丛林法则下,一成不变的模因只能适应狭窄的生态位而缺乏韧性,自我进化是其唯一选择。反言之,判断一个主动策划是否能够成为模因,要看它是否“能够支持以变异、选择和遗传为基础的进化规则”①。

其中选择和遗传分别指淘汰机制与复制行为,变异则是针对外在环境进行的主动适应和自我进化(需要指出的是,此处的变异是中性词)。这使得模因的传播与传统媒体复印机般的无差别复制不同,是一个在拷贝过程中不断进化的过程。以抖音上以 *Call of the Ambulance* 为背景音乐的系列短视频为例,从最有技术难度的手指舞到跟不上节奏的拍手搞笑版,再到各类失败版……从始发模因开始,这段手指舞不断衍生出新的版本,调整模仿难度并注入新的社交活力。从始发模因到衍生的各类变异模因围绕同一原点向不同方向出发,从更多维度协同博取网络生存空间。

根据模因上述特性,含有进化机制、支持变异的策划更有可能赢得网络关注。现阶段的正面宣传仍较多强调单次投放的覆盖面和点击量,习惯采用传统的以宣传片封装主题、排斥参与的闭合思维。主流媒体的抖音账号

---

① 布莱克摩尔. 谜米机器:文化之社会传递过程的“基因学”[M]. 长春:吉林人民出版社,2001:24-25.

体现得较为明显,其发布内容中有大量主题鲜明、触动人心的正面宣传短视频,也获得了相当高的点赞、留言、转发数据,但能引发参与的很少,主动策划引发参与的就更少。这些依靠观看而非参与获得的数据与传统电视的收视率模式有相似之处——作品的有效性作用于作品时间内,对作品衍生过程的控制、利用不足,或者说对其作为模因的后续可变性缺乏预判。

笔者认为,模因变异提示了两个难度不同的正面宣传进路。首先是参与既有强势模因的进化,借助其传播动量带动正面宣传,主动干预模因变异方向并力争建设长期有效的正向模因。其次,模因变异是以更多元的形态来提高自身的适应性的,能够使原本孤军奋战的单一作品衍化为模因复合体。是否存在一种可能性,即跳出单一作品限制,尝试以过程化思维打造模因复合体,将模因的后期变异纳入前期策划?近期的一些策划已初步体现出这一特质。2021年三八妇女节由全国妇联发起的抖音话题“我不止一面”,通过呈现工作和生活中的形象反差展现新时代女性风采。武警、医生、记者、工程师等职业女性纷纷参与拍摄,以不同形象、从不同角度宣传了新时代女性群体的多样风采。该话题的始发视频点击量并不高,但最终吸引了83.5万人参与。单一作品的影响力虽然有限,但作为一个提案引发的涟漪效应效果显著。整体大于部分之和,模因复合体能够使其成员获得比彼此割裂时更大的复制几率。

3. 模因运营:从内容为王到内容渠道并重

从网络强势模因的生成方式来看,人工介入培育与自组织涌现同等重要。现实运营中,平台会先进行小范围的投放,测试该模因的竞争力,根据其在人群中的影响力(点赞、评论、转发、模仿拍摄等)对其进行热度加权,再分发到更大的模因库与其他模因竞争,通过测试、孵化等一系列环节遴选出最有竞争力的模因。

此后,平台会进一步使用运营策略,扩大该模因的竞争优势。重复,是以算法推荐的方式整合内容相似的模因。以“海草舞”为例,平台会在短时间内向用户推荐海草舞的若干变异版本,如高颜值版、萌宠萌娃版、恶搞版等。通过分析用户反馈,后台可以得知哪种表现形式最能引发模仿意愿,并给予该模因更多推荐。一方面,尽可能促使模因在用户脑中留下印象,排斥其他模因对用户记忆资源的占领,并不断推动甚至促成模仿行为;另一方面,通过更精确的用户行为分析,引导模因向更有利于自我拷贝的方向发展,帮助其进一步扩大优势,向强势模因迈进。与此同时,平台会以主题索引的方式把形式相似的模因集中在一起。平台通常以标签、背景声音作为链接,用户点击后即可看到所有相关的衍生模因。平台通过集中展示,引导用户进行模因比对和重组。

由社交短视频运营策略可见,打造强势模因需要科学、立体的遴选培育机制。相比之下,既往传统宣传的效果预判更多依赖前期经验,对科学的前端测试的强调不足。模因运营值得借鉴:加强对目标人群的前期调研和投放前的针对性测试,以实证的方式补充经验体系。而发布后被动等待、缺少动态调整的问题,其核心矛盾则在于未将平台运营视为内容生产的一部分,将侧重点全部集中于内容本身。平台运营位于内容生产的下游,两个业务领域缺少对话,因此宣传效果存在偶然性。而模因的生产链条是贯穿全程的,内容运营与平台运营之间的界限变得模糊,平台运营已经成为内容创作的重要组成部分。网络空间正面宣传也需要改变线性的工作流程,将相对割裂的任务环节融合在一起,形成从源头到终端始终群策群力的工作模式。

习近平总书记明确指出,要"加强网络内容建设,做强网上正面宣传"①,结合网络空间现实语境,"推进网上宣传理念、内容、形式、方法、手段等创新"②。模因的复制、变异及培育方法还需要更多细化的理论研究,但不可否认,迥异于传播学的模因论已经成为阐释网络空间的重要工具,也为正面宣传实践带来了多元的实践思路。总体上看,我们既要根据新规律更新已有的经验体系,也要对互联网时代的信息过载保有客观认知,以科学的方法和竞争的姿态打造更多网络空间正面宣传的强势模因。

① 央广网. 习近平:加强网络内容建设,做强网上正面宣传[EB/OL].(2016-04-19)[2020-02-19]. http://m.cnr.cn/news/20160419/t20160419_521919073.html.

② 习近平在全国网络安全和信息化工作会议上强调 敏锐抓住信息化发展历史机遇 自主创新推进网络强国建设[N].人民日报,2018-04-22(1).

第六章　5G 背景下的网络舆情治理(二):网络群体传播

本章摘要

本书第五章至第七章就网络空间舆情治理进行分析。5G 的发展会带来舆情产生方式的巨大改变,舆论生成方式、传播方式都有了革命性变化,但从舆论生成的逻辑上看,这一变化还是与 4G 网络社会、现实社会转型期紧密相关的。4G 网络鼓励个体与群体跨越时空进行双向动态的、个性自由的互动。在这种互动中,个体或将现实中所归属的群体延伸至网络,或在网络空间中根据个人需求与自我认同重构身份,基于共同目的和利益诉求与陌生人结群。个体在网络空间中的群体化生存是社交媒体时代的重要特征之一。正因如此,群体的聚合动力、群体规则的生成逻辑,能够从根源上解释很多现阶段的舆情事件。

习近平在党的新闻舆论工作座谈会上指出,"随着形势发展,党的新闻舆论工作必须创新理念、内容、体裁、形式、方法、手段、业态、体制、机制,增强针对性和实效性。要适应分众化、差异化传播趋势,加快构建舆论引导新格局"①。习近平所强调的"分众化""差异化",与近期互联网群体传播现象

① 曹鹏程. 习近平在党的新闻舆论工作座谈会上强调:坚持正确方向创新方法手段,提高新闻舆论传播力引导力[N]. 人民日报,2016-2-20(01).

高度相关。

习近平还指出,“我们必须科学认识网络传播规律,提高用网治网水平,使互联网这个最大变量变成事业发展的最大增量”①。网络群体相关研究不仅对群体的稳定发展及群体目标的实现有重要意义,而且关乎新时代天朗气清、生态良好的网络空间的构建。本文认为,通过群体规则的创新治理进一步规范群体行为以促进个体理性与群体理性的统一,是推动网络空间治理的可行路径。“网络社群形成的逻辑特征主要体现为内生自发式的建构过程,而内生自发的交往关系,能否通过制度化的方式得以稳定并散发出组织活动力和凝聚力,是影响网络社群是否可以发展壮大的重要原因。”②

一、历史中的群体与规则

“群体是为实现共同目标的两个以上保持持续性相互依赖、相互作用的个人组成的社会单位。”③从远古部落的集体狩猎到农耕文明的商品交换,人类与自然对抗必须依赖集体劳动、社会交换,个体目标的实现与需求的满足也需要群体成员的有效协助。工业文明也是如此,流水线上不同环节各司其职,需要以更明确的专业细分提高生产效率,协作程度进一步增强。“人类智力的进化主要是为了应对组建大规模、复杂社会群体的挑战,而非像通常所解释的那样,是应对生态挑战的结果。”④文明进化到互联网时代后,协作表现得更为典型。个体必须作为社会成员出现,处理好与他人、社会、时代的关系,才能从自然人成为社会人。正如马克思指出的,“人的本质并不是单个人所固有的抽象物。在其现实性上,它是一切社会关系的总和”⑤。

在不同时期,群体都需要群体规则来建立社会秩序,调节人与人、人与社会之间的关系,保证个体间持久稳定的互动关系,以期更高效地实现群体

---

① 杨飞. 提高用网治网水平 让“最大变量”成为“最大增量”[EB/OL]. (2018-08-30)[2020-03-03]. http://views. ce. cn/view/ent/201808130/t20180830. 30163899. shtml.

② 杨江华,陈玲. 网络社群的形成与发展演化机制研究:基于“帝吧”的发展史考察[J]. 国际新闻界,2019,41(3):127-150.

③ 于显洋. 组织社会学[M]. 北京:中国人民大学出版社,2005:156.

④ 韦斯特. 规模:复杂世界的简单法则[M]. 张培,译. 北京:中信出版社,2018:314.

⑤ 马克思恩格斯选集:第 1 卷[M]. 北京:人民出版社,1972:60.

目标。“规则是习惯、习俗、道德、法律、制度的多样性统一。”①规则大致可分为成文规则和不成文规则。群体中的不成文规则通常始于群体的形成期,随着群体规模的扩大,其对群体行为的调节作用减弱。成文规则通过法律法规的形式对行为标准和惩罚措施进行限定,随着群体规模的扩大,替代不成文规则,增强对群体行为的调节作用。成文和不成文规则被用以使关系文明化,并逐渐内化为个体的行为意识。

经过长期的经验总结,现实社会已经形成了稳定的价值标准。伦理规范就是其中的重要组成,代表某一群体对于如何处理人际关系的认知总和。相比于法律从外部进行的刚性约束,伦理规范是一种内控软性规范,具有相对的稳定性、普适性和复杂性。伦理规范在社会规范中所占比重,与民族、地区的文化积淀息息相关。中国传统社会受儒家思想影响,伦理道德是社会规范中的重要组成,甚至比律法更有实践性、指导性。

孔子的“仁义礼智信”“温良恭俭让”规定了君子的道德义务,“三纲五常”保证了社会的常态运行,“礼崩乐坏”事关治乱兴衰。中国的古代伦理生长于小农经济的家庭模式和社会格局中,伦理规范是相对静态、缺乏变动的。从“不以规矩,不能成方圆”到“兼相爱,交相利”,再到“存天理,灭人欲”,伦理的生成与微调体现出帝王、士大夫、地主、庶民阶层间的相互妥协,以及统治阶级和圣人思想的合谋。这种认知带有很强的一致性,如同传统社会的人际格局一般,稳固地存在了几千年,直到五四运动前夕,《新青年》开启新文化运动,开始实质性地反封建思想。如果从文明断代的角度看,中国经历了漫长的农业化时代和短暂的工业化时代,却迅速地进入了互联网时代。而这三种经济基础在现阶段的中国是并存的,这也导致了现阶段伦理规范生成逻辑的复杂性。

二、社交媒体的群体规则底层改变

戚攻教授指出:“网络社会正成为人类生存与发展的‘另类空间’,但不

---

① 陈忠. 规则论:研究视阈与核心问题[M]. 北京:人民出版社,2008:18.

是现实社会的'翻版'。网络社会结构是由信息技术、通讯技术和网络技术联结而发生的具有数字化和技术化特性的新型社会结构(系统),而不是现实社会结构的延续。"①由于伦理具有普适性与相对稳定性,网络伦理与现实伦理在本质上具有延续性,因此仍然会影响个体行为,但互联网的确重新塑造了一个底层逻辑完全不同的第二空间,正如芬伯格所说,"技术并不是一个简单的中介工具,而是塑成现代性生活方式的基础性、规则性力量"②。在新的社会结构中,原有的群体规则生成的若干基石被移除。二者底层结构的巨大差异,也带来了群体规则及其生成逻辑的改变。

(一)传统的群体聚合方式改变

费孝通曾在《乡土中国》中提出传统社会伦理关系的"差序格局",即社会关系以个体为中心并像水波纹一般扩散。社会网络是由一根根私人连线所构成的低维网络,伦理关系通过初级群体的强关系产生作用。"传统社会里所有的社会道德也只在私人联系中发生意义。"③但是,个体从物理空间延伸至虚拟空间后,摆脱了现实的时空限制。在打破差序格局中人际交往单纯依赖血缘、地缘的局限性之后,网民开始基于趣缘进行群体集结。"网络趣缘群体以及其中的聚众传播,在本质上成为一种社会结构方式。"④新型群体跨越国家、地域,随时在某一主题下大规模聚集,网络社区如天涯论坛、百度贴吧、知乎、豆瓣小组等成为网络空间的"新型部落"。除了此类最为常见的有稳定长期关系的粉丝群体,还有临时聚集的情绪共同体、意见共同体、自组织群体,以及充满科幻色彩的孤立个体集合体(Stand Alone Complex)等多种迥异的聚合方式。

(二)新型群体权力结构下规则的制定流程改变

反抗规则、崇尚自由,去层级、重视个体,这是互联网技术自诞生就包含

---

① 戚攻.网络社会的本质:一种数字化社会关系结构[J].重庆大学学报(社会科学版),2002(1):48-51.

② 陈忠.规则论:研究视阈与核心问题[M].北京:人民出版社,2008:35.

③ 费孝通.乡土中国[M].北京:北京大学出版社,2012:21.

④ 罗自文.新型部落的崛起:网络趣缘群体的跨学科研究[M].北京:新华出版社,2014:94.

的文化基因、底层逻辑。网站是信息的数字化,社交网络是人际关系的数字化。从无法发声的隐没个体到反精英化的叙事主体,个体得以摆脱年龄阅历、社会资源、社会地位、社会角色的限制,同时在不同的场景中面对不同的主体进行多次元交往,推动网络社会中的权力被不断地分散与重构。个体在信息交换的过程中自发地推动群体规则的生成。群体成员基于共同目标而进行的实践,就是群体规则产生的根本动力。当然,这并不是说互联网的途径是绝对自由、绝对均化的,携带有效信息并且在网络社会活跃度高的个体往往能够拥有更多话语权,但这已与根深蒂固的“长老统治”①的教化权力大不相同。

随着网络精英意识的觉醒,以意见领袖为中心的网络群体在社会公共事件中占据着舆论主导方向,由去中心化逐步走向再中心化。但所谓的再中心化并不是对传统社会单一中心化的回溯,意见领袖多元的价值观及立场在很大程度上决定着群体的伦理指向,因此在话语传播方面,网络伦理规范的建立是一个“去中心化—再中心化—多中心化”的过程,形成多方互补或对抗的态势。

(三)个体与群体的关系改变

现实的社会群体中个体利益主要是在组织内部获取物质利益,而在网络空间中,个体利益主要表现为精神利益:增强归属感、认同感,甚至是寻找情感依托。人的主观认知是在与他者的互动中建立的。根据班杜拉的社会学习理论,网民个体通过观察或模仿理性个体的行为而习得规则的精神内核,逐渐形成规则意识,最终自觉遵守规则。“个体对自我的感受,并非直接地,而是间接地,依据同一群体中其他成员的特殊观点或依据他所属的作为整体的社会群体的一般观点。”②例如在《创造 101》中形象普通、唱功平平的王菊,仍然拥有大规模的粉丝群体,粉丝们还发起了群体造句的“菊风行动”。很多粉丝表示出相较于其他粉丝群体的优越感,因为他们不是像过去

---

① 费孝通. 乡土中国[M]. 北京:北京大学出版社,2012:40.

② 莫顿. 社会理论和社会结构[M]. 唐少杰,齐心,等译. 南京:译林出版社,2006:402.

一样追星,去消费王菊本身,而是认同、支持王菊所代表的价值理念。基于情感连接的个体所进行的集体决策,会反过来深刻地影响个体决策。群体极化的相关研究表明,个体意见与所在群体相左时,迫于同侪压力,个体意见会屈从于群体主流意见,以免被孤立,切断社会关系。

然而群体不等于个体的简单相加。勒庞在《乌合之众:大众心理研究》中曾言:“一个群体的理智能力总是远远低于个体的理智能力,集体的道德行为既可以大大高于也可能大大低于个体的道德行为。”[①]在博弈论的“囚徒困境”中,博弈双方为实现个人效用的最大化皆会理性做出对自己最有利的选择,即背叛对方,其结果是个体理性导致集体的非理性,个人效用与集体效用皆无法实现最大化。换言之,群体决策的最终决议,虽然代表群体内的主流意见,却不一定符合群体利益,甚至与个体利益冲突。只有在有效的外部制度约束背景下,“博弈双方互不背叛为纳什均衡,个体理性将导致集体理性”[②]。

(四)由律己转向律他的道德约束

比起法律的强制性与外控性,伦理规范是一种以“慎独”为核心的自律性规范。传统社会的伦理规范对个体而言是自律意识的不断强化,是警钟长鸣般的存在。但互联网赋予每个个体“审判者”的权力和视角,网络伦理规范开始具有自律之外的附加功能。乔恩·罗森曾在著作《千夫所指:社交网络时代的道德制裁》中提到,“而今在社交网络,道德的自律性变成了他律性,公开羞辱则成了威力无穷的工具”[③]。

(五)排他性准入机制

越精细化的群体,排他性越强。例如加入明星粉丝后援会需要缴纳会费并回答比如重要日期、经典台词、语录填空等关于明星的问题,如果不是

---

① 勒庞. 乌合之众:大众心理研究[M]. 北京:中央编译出版社,2005:6.

② 蒋军利. 集体决策视域下理性与规则的关系分析[J]. 贵州工程应用技术学院学报,2019,37(1):55-59.

③ 罗森. 千夫所指:社交网络时代的道德制裁[M]. 北京:九州出版社,2016:9.

真正的粉丝根本无法知道答案。核心管理员甚至会进行“微博挖坟”，即查看申请者所有微博中关于该明星的原创微博数量，以核定新成员的“粉籍”。特有的语言方式、特殊的组织领导层级、特有的价值导向，使之成为具有高度排他性的闭合组织，信息无法进入，也无法流出。

三、群体规则外化带来的秩序扰动

网络群体的概念与集体的概念不同。集体强调求同，很多时候要牺牲个体利益，寻找所有个体的最大公约数。而群体强调存异，放大少数个体的兴趣。相对于线下群体和临时聚集的意见群体，粉丝群体有更清晰稳定的价值取向、更强的内部连接、更高的活跃度、更强的行动力。群体内部本来就具有共同的目标指向，再经由群体强化，某些价值观会被大幅度强化放大。理论研究证明，在交流信仰的宗教群体、传销群体、吸毒群体（特别是二次复吸现象）内都存在回音壁效应，群体内的传播机制会对价值观进行反复确认和放大，部分现有的社会价值观则被重新修改树立，与现有社会规范产生较大差异。

问题在于，粉丝群体内部的价值取向被大幅放大，且本属于小群体的价值观被外化应用到群体外部。其体量庞大，攻击一切反对声音，这种网络霸凌让许多人噤若寒蝉，经常干扰网络空间的正常秩序，侵害公民的正当权益。

一方面，粉丝群体之间存在大量矛盾。布迪厄认为，“社会空间中有各种各样的场域，场域的多样化是社会分化的结果”[①]。众多属性各异的小群体的群体目标彼此不同，连接强度、权力结构各异，群体内规范也就彼此相差甚远，粉丝群体之间攻守对抗不断。2015 年 7 月 29 日，TFBoys 和 EXO 粉丝群体展开大规模对骂。2020 年，肖战粉丝与同人圈粉丝又掀起了一场规模空前的网络对战。每当自己所喜爱的明星出现舆论事件，粉丝总会发声力挺。这种对抗毫无建设性，解决不了问题，还经常升级到人格侮辱。

另一方面，粉丝群体对饭圈外的“路人”的攻击越来越频繁。每有行为

---

① 李全生. 布迪厄场域理论简析[J]. 烟台大学学报（哲学社会科学版），2002(2)：146-150.

不符合群体内行为规范时,群体成员就会迅速反应,集体攻击。以蔡徐坤的粉丝群体为例,蔡徐坤出道以来因遭受质疑被贴上各种戏剧化的标签,粉丝群体为维护“爱豆”形象在网络中对“黑粉”或任何带有相关字眼的用户盲目回怼。微博用户陈某仅因质疑蔡徐坤染发是否能算作福利,就遭到 700 万粉丝的集体“人肉”。潘长江因不认识蔡徐坤遭粉丝谩骂,联合国教科文组织因在微博中写到“唱、跳、Rap、打篮球”而遭粉丝围攻。蔡徐坤粉丝毫无节制的激进行为似乎是合理合法的义举。值得一提的是,在粉丝们疯狂攻击别人之际,该明星一直保持缄默,并未出面制止。

首先,成员忠于、保护群体价值观是容易理解的,但不应该产生过于偏离实际生活的畸形取向,不应有违社会主流价值观。维护“爱豆”形象的规则本属于粉丝群体内部,但在规则外化并具有极大攻击性时,其性质就变为网络暴力。其次,不能用粉丝行为合理化一切狂热偏激行为,让其凌驾于社会规则之上,进而扰乱正常社会运转。这值得有关部门高度警惕。特别令人担忧的是,据了解,上述网络暴力的参与者多是 00 后年轻人。不妨假设一个极端情况:陈某因无法承担网络暴力而轻生,谁来负责?700 万人的群体如何承担责任?

究其原因,粉丝行为失范除了组织形式上的原因,还要看到资本在其中起到的催化作用。粉丝在精力、经济上对偶像的大量投入是无私的,不仅实际上没有任何经济收益,而且在初衷上也并不期待回报。艺人经纪公司利用粉丝热情,不断制造话题甚至矛盾,通过鼓励粉丝微博献花、打榜、投票、购买专辑和周边产品、线下应援等获得大量盈利。为支持偶像,粉丝会大量、重复购买专辑及周边产品,这种过度消费已经超出文化产品的消费范畴,但在这个非理性的循环中,粉丝经济已经培育出一个颇具规模的产业链。如亨利 · 詹金斯(Henry Jenkins)所说:“激烈竞争的媒体产业调动着粉丝的积极性和参与性,以实现媒体产业利益的最大化。”①

① 詹金斯. 文本盗猎者:电视粉丝与参与式文化[M]. 郑熙青,译. 北京:北京大学出版社,2016:15.

四、应对:圈层文化的主流化路径探析

大量学者认为自组织作为新型网络空间形态,对于网络空间治理具有指导意义,但笔者认为这有必要进行准确核验,因为各学者对“自组织”的定义是不同的。有的指组织过程的自动化,有的指最终状态的有序化。那么从本质上看,网络群体是组织形态还是自组织形态?对网络空间治理的影响究竟何在?

本书对其初始定义进行了考察。纯正意义上的“自组织”,是个体缺乏甚至毫无主观能动性,却在成为群体后形成明显规则的复杂系统“涌现”现象。典型的案例就是鱼群统一的“聚集、旋转、行进”三种形态,磁铁磁场的统一,个体体力智力都低下的蚂蚁合力建造出复杂的蚁穴等。显而易见,网络用户并不是没有意识、等候被动安排的个体,与毫无统一指令、完全自发的“自组织”形态不同。网络空间里的自组织应该与现实空间里的进行区分。

笔者认为,在不同阶段,网络群体的形成有不同的组织模式。在初期,网络群体的形成是自发的,网络群体内部的规则制定、任务分工也是自发的(典型的例如帝吧出征 Facebook 事件),但在形成之后,群体的维护与规则的执行仍然是组织化的。

问题在于无论群体处于哪一个阶段,主流意识形态都需要破解圈层壁垒,以达成网上网下同心圆。或者反言之,圈层文化的“圈地自萌”容易忽视外界包括主流意识形态在内的声音。网络空间治理如何在闭合的圈层中践行意识形态建设,弘扬主流价值观?

2019 年年末的 B 站跨年晚会具有启发意义。

2019 年年末,各大卫视跨年晚会的收视大战烽火重燃。出人意料的是,在竞争中异军突起、成为最大黑马的并非一家卫视,而是第一次举办跨年晚会的视频网站 bilibili。相比经验成熟的卫视,B 站的跨年晚会尚属试水,且相较卫视的既有公信力、影响力,B 站一直被视为属于相对边缘且闭合的亚文化圈。然而,“B 站跨年晚会的豆瓣评分为 9.1 分,而所有卫视中得分最高

的仅为 7.3 分(江苏卫视)。根据 B 站官方数据,2019 年 12 月 31 日当晚,晚会直播时在线人数的峰值达到 8200 万人次"①。直播结束后的几天里,B 站跨年晚会相关新闻和视频先后霸占热搜榜前几位,更被《人民日报》等主流媒体点赞为"最懂年轻人的跨年晚会"。"高口碑吸引了源源不断'补课'的网民,如今其弹幕量已突破 256 万。晚会播出后,B 站股价应声上涨。1 月 2 日,2020 年美股首个交易日开盘后,B 站股价一度上涨 15%,市值增加近 7.3 亿美元。"②

B 站看似意外的成功背后,是对网络文化的深刻理解和灵活调度。在构建网络同心圆、推进媒体深度融合的进程中,此次晚会的内容编排、操作理念成为他山之石,可资借鉴。

(一)内容设置与网民调度

1. 从主题先导到内容先导:主旋律的自组织集结

首先值得关注的是 B 站在弘扬主旋律方面取得的成功。主要包括电视剧《亮剑》楚云飞的扮演者张光北携手军星爱乐团合唱的《中国军魂》和《钢铁洪流进行曲》,流行音乐组合南征北战带来的歌曲《不愿回头》和《骄傲的少年》。《钢铁洪流进行曲》在 B 站深受欢迎,《亮剑》在 B 站上也有许多热门衍生视频;南征北战演唱的《骄傲的少年》是爱国主义军迷漫画《那年那兔那些事》的片尾曲。B 站将这些元素巧妙结合,把以表情包、鬼畜等亚文化形式走红的主旋律文化再度以亚文化风格进行改造重现。一系列爱国主义歌曲引发了弹幕区激情澎湃的留言,"云龙兄,云飞在此""骑兵连进攻"是对抗战精神的崇高致敬,"此生无悔入华夏,来世还生种花家"是对祖国的热切表白。一片中国红的弹幕充满了精神感召,无形中在青年群体当中凝聚起一股红色浪潮,使得红色主旋律展现出崭新的年轻态度。

① 跨年晚会,卫视为什么输给了 B 站?[EB/OL].(2020-01-10)[2020-02-14]. https://m.thepaper.cn/newsDetail_forward_5482633.

② "最懂年轻人的"B 站跨年晚会融合多元文化内容,创新节目呈现形式,广受好评——跨年晚会开启创新之夜[EB/OL].(2020-01-14)[2020-02-14]. http://www.ciplawyer.org/html/whcycycy/20200114/143759.html? prid=185.

B 站一直是二次元亚文化聚集的大本营,一度被认为是对抗消解主旋律的阵地,上述节目大受欢迎令很多人意外,但此次晚会证明了这种判断对圈层文化的理解过于僵化。实际上,B 站将主旋律与亚文化结合在一起早有成功先例。2018 年除夕夜,二次元界的"春晚""拜年祭"中,充满爱国情怀的《乒乓帝国》就曾引发观众红色国旗的激情刷屏,被称为"2018 年 B 站拜年祭最精彩的节目"。在日常的内容生产中,B 站的爱国主义、传统文化题材内容也一直有稳定的活跃度。讲述中国经历磨难,腾飞崛起的《那年那兔那些事》在 B 站排名前十;《我在故宫修文物》在 B 站实时弹幕量高达 2.7 万条,亚文化群体从推崇日本匠人文化转而自发讨论中国匠人精神。

正如 B 站董事长陈睿所说:"年轻一代的网民并不像我们想象的只喜欢幻象的世界,他们不仅喜欢看武侠、玄幻,也同样热爱美好的现实。"[①]虽然亚文化群体对圈层外的议程有准入机制,但是在核心价值观的传播上,群体兴趣所带来的文化鸿沟不是不可逾越的,亚文化与主流文化也并非完全互斥。他们抗拒刻板说教,但他们拥有炽热的爱国之心。网民并非从内容上抵触主旋律本身,而是更习惯以自己的特有方式表达主旋律,抗拒不符合网络文化习惯的宣传形式。B 站很好地处理了说什么和怎么说、信息本身和信息的组织形态之间的二元关系,利用诸如二次元漫画、V-POP、鬼畜等具有鲜明亚文化风格的表现形式输出主流价值观,使得年轻观众不拒绝、不排斥,同时借助能够引起青年人共鸣的文化形式,引爆集体情绪。B 站借由文化符号的交互实现精神上的集体性召唤,从而使红色主旋律和青年网络文化实现了共通共生。

另外,主题与内容的优先顺序也隐喻了传播仪式中的不同权力关系。不少晚会将主旋律的宣传属性前置于内容属性,通过主题进行集结。这使得晚会无论怎样创新都难以摆脱一种底色,或者说叙事动机:因为特殊的时间、特殊的事件,或者既定的宣传主题,才制作了具体内容——晚会本身不是最终目的,主题才是。这种中心制的召集模式有明显的组织性质,甚至是

① B 站陈睿:年轻人喜欢幻想的世界,但更热爱现实的美好[EB/OL].(2018-11-19)[2020-02-18].http://www.sohu.com/a/278602776_115479.

某种意义上的强制集合。这种中心化的召集模式与网络群体的自组织行为是冲突的。B 站的跨年晚会则弱化了规定主题所带来的强制性,更加侧重通过有共鸣的内容引起网民的自发集结。因为有了这些我们共同欣赏、喜爱的内容,我们才聚集在一起共同跨年。从召唤式聚集到自发式聚集,意味着晚会需要更多地通过内容去寻找内生性的关系。

2. 经典 IP 促成身份共识:集体记忆的凝聚力

此次 B 站跨年晚会的另一亮点是对大量经典 IP 的呈现。晚会开场舞《欢迎回到艾泽拉斯》的音乐一响起,就把所有网友带入《魔兽世界》。几乎所有观众都在弹幕中打出“为了部落,为了联盟”的超燃口号,尽管《魔兽世界》覆盖了近十五年来年轻人的青春记忆,但年龄和阅历的差异在这一刻被一再缩小。随后,在将近九分钟的动漫组曲中,B 站的知名 UP 主们演绎了《数码宝贝》《名侦探柯南》等四部经典动漫的主题曲,“突然泪目”“我的童年回忆啊”之类的弹幕瞬间霸屏。晚会中《权力的游戏》主题曲,让观众重温了这部于 2019 年正式完结的史诗级美剧。钢琴王子理查德 · 克莱德曼和百人交响乐团一同演奏《哈利 · 波特》系列电影主题曲《海德薇变奏曲》,也成为整场晚会的高光时刻。

整场晚会的高潮当属零点之后华语乐团五月天登场。从 1999 年发布第一张专辑至今,五月天已经走过二十多个年头,他们满怀青春梦想的音乐本就是陪伴青年一代成长的背景音乐。这一次,他们把 B 站晚会的 18 分钟时间变成了演唱会,全场应援加弹幕应援引爆全场。最后,五月天以一首歌颂青春友谊、年少回忆的《干杯》收尾。当“干杯”和“新年快乐”等弹幕齐齐刷屏时,这场充满各种回忆、各种情感的晚会也落下帷幕。

上述节目合计时长约占据整场晚会总时长的 20%,可谓重要构成部分。这些经典 IP 无一例外都经过长时间的沉淀,所谓经典,是从万家灯火中描绘出的生活主题,是从大千世界中提炼出的时代特征。它是时间难以抹去、一代甚至几代人恒久的集体记忆。“Z 世代”的集体记忆有着鲜明的互联网特点,跨越时间空间限制,在陌生人之间建立共同话题。这些集体记忆能够迅速拉近群体之间的距离,获得更深层次的身份认同。

实现集体记忆共鸣,首先要缩小目标用户范围,明确用户诉求,提高晚会的靶向性。此次B站晚会的内容非常“垂直”,它并未和其他跨年晚会一样试图面面俱到。在策划阶段,导演团队确定的方向便是打造一台“属于B站的晚会”,要围绕共情点和共鸣点,办一场“年轻人自己的春晚”。根据B站发布的2019年第二季度财报,18—24岁用户占比60.28%,25—30岁占比16.71%。这一定位与核心用户群是高度契合的。用户画像为内容取舍提供了基本依据,而B站高达1.104亿的月活人数及庞大的用户信息,则可让团队量化目标用户内容偏好,通过数据了解用户群体的文化属性。正如导演宫鹏所说:“选题选曲上,策划团队和主创团队基本上是围绕B站内容生态来挖掘的,用一句话说就是‘选材不决问B站’——问数据和搜索,从数据的数量和质量上综合评判节目方向。”①

基于数据,团队可以对哪些集体记忆最贴近用户进行精确预判,选择更具共性的内容;同时,还要确保节目能够覆盖不同人群的观赏点。比如上文提到的《种花组曲》,年轻的B站用户可能从中看到自己喜爱的鬼畜形象和年度爆梗,而年纪稍长的观众则可以从张光北身上回忆起收看《亮剑》的时光。同时,宏大的交响乐曲在无形中激发起观众的拳拳爱国之情,让一个从B站热门鬼畜区出发的策划获得了大量追捧。

触发集体记忆,也体现出B站在网络调度上的不同思路。传统媒体的单向传播模式,习惯于先限定一个远高于生活的宏大主题,然后力图让大众接受,而B站则是先寻找大众生活中已经认可的具体内容,思考如何凝聚网友之后再反推主题。B站每个节目都没有刻意贩卖情怀,也没有虚情假意的眼泪,有的只是用恰当的表现形式带来的真挚回忆。如果说主题是宏观抽象的上层建筑,那么其基础应该是具体形象的集体记忆。从主题本身入手推动理解,是从抽象到具象的过程;而从集体记忆入手,是从具象到抽象、从占有素材到推导结论的过程。相对而言,后者更符合日常思维习惯,且由于主题是由网民自发得出的,接受度更高。

---

① B站跨年晚会火出圈 导演宫鹏披露出炉始末[EB/OL].(2020-01-06)[2020-02-18]. https://baijiahao.baidu.com/s?id=1654971832366236023&wfr=spider&for=pc.

硬核二次元游戏动漫是 B 站当之无愧的核心 IP，虽然引发回忆共鸣的几个节目都是以游戏、动漫或影视剧等形式为基础载体的，但此次晚会所体现出的情怀却并未局限于二次元的文化圈层，而是成功破圈，引发全网共鸣。从这几个节目的内容选择和最终呈现上看，B 站找到了小圈层文化与整个网络文化的共鸣点。不管是《数码宝贝》还是《魔兽世界》，其影响力早已超出原有的固定文化圈层，成为观众童年记忆中的重要组成部分。这种集体记忆的选择既符合 B 站本身的亚文化风格特点，又跨越年龄层次和文化背景，将小众兴趣扩展成大众共鸣。

（二）突破圈层的运营思维

1. 从单一顶级流量到群体聚合流量

2005 年湖南卫视第一次推出跨年晚会的概念，此后各大卫视纷纷加入战局。由于能高度吸引全国观众以及集中展示商业价值，跨年晚会已成为一年一度的“兵家必争之地”。随着互联网文娱产业的兴盛，高度市场化的运营方式开始强势介入内容生产的逻辑主线，“流量”成为跨年晚会策划与生产中无法绕开的关键因素。顶级流量明星拥有牢固的粉丝基础，且相关话题、衍生讨论可以为晚会的热度助力，在观众吸引力、内容曝光度和商业聚合力层面有难以替代的价值。

因此，各大卫视晚会均把目光聚焦在具有极高曝光度和市场热度的顶级流量明星身上。尤其是近一两年的跨年晚会大战，高度同质化的流量明星成为卫视跨年晚会的标配。这其中存在对行业健康发展的隐忧：以流量明星为核心的内容策划生产过度追求商业价值而丧失了视听内容的本质主体性，本应丰富多元的电视荧屏及网络平台成为同质化的大型粉丝追星现场。而且，花费大成本邀请的明星是否与媒体平台的目标受众一致？是否与媒体气质相符？长期效益是什么？这些深层次的问题有待考量。各大卫视晚会虽有热度却不持久，讨论虽多却缺乏美誉度，各大卫视也很难在这一年一次的晚会上完成具有独特性的气质塑造与品牌打造。

B 站的跨年晚会策划则另辟蹊径，避开“流量明星吸引流量”的操作路径，回归内容主体，发挥 B 站特有的圈层文化优势。B 站市场中心总经理，

同时也是这次 B 站跨年晚会的总策划杨亮表示,“以泛年轻泛娱乐的文艺晚会来打造,不像主流娱乐形态那样会请顶级流量明星,同时会结合 B 站典型的游戏 IP、动漫 IP 以及 B 站的热点事件等综合因素进行考量”[①]。策划团队在前期用了十天的时间对 B 站文化进行推演,最终整台晚会的节目呈现并不是顶级流量明星的堆积,而是基于用户数据的科学性内容策划与排列。

从晚会的网络评价来看,关于各大卫视跨年晚会的热搜大部分仍聚焦于流量明星的衍生话题,如“杨幂假唱”“易烊千玺太帅了”等。这些热搜无法正向促进晚会本身传播价值的实现,晚会成为明星商业价值累积的展示舞台,邀请明星的意义本末倒置。相比之下,与 B 站跨年晚会相关的热搜讨论则多为“方锦龙百人乐团神仙合奏”“中国军魂听哭了”这类对节目内容的讨论和看完节目后的正向反馈。既然堆积明星所带来的短期流量刺激不能从本质上提高平台的认可度、口碑度,就不如以优质内容带动媒体口碑、以媒体平台带动内容升级,建立可持续的粉丝关系。

以内容为主体的生产方式也是对成本的科学优化。B 站将邀请明星的资源分配给兴趣挖掘、视听美感呈现和内容策划创新,这种做法使整台晚会扎根于自身独特的文化,回归内容吸引力本身,以文化特质、优质内容实现了群体自发的流量聚集,让“有意思”与“有意义”巧妙融合,实现商业价值与内容价值的双赢。

2. 从跨界混搭到文化融合

在寻找小众文化与大众审美的平衡点时,调度不同媒介进行跨界组合是常用的手段,但是物理搬运的混搭不同于化学重组的融合,跨界后应该有一加一大于二的文化创新。

卫视的跨界混搭很多时候是让流量明星进行其并不擅长的表演,比如让演员唱歌、让歌手跳舞。2017 年,湖南卫视跨年演唱会就曾打出“突破二次元,跨界混搭”的口号,邀请虚拟歌手洛天依、乐正绫和当年大热演员马可

① B 站跨年启示:媒体融合的分野?(上)[EB/OL].(2020-01-14)[2020-03-01]. https://baijiahao.baidu.com/s? id=1655690762995259128&wfr=spider&for=pc.

共同演唱了两首歌曲。但是这两首歌曲仍然带有浓厚的二次元气息,舞台呈现也并未脱离二次元风格,真人演员马可更像是强行加入了一个二次元世界。从最终结果上看,这个所谓的跨界节目只做到了混搭而未做到融合,没能留给观众太多记忆。

B 站的跨界则是把彼此擅长的东西融合在一起,如虚拟歌手洛天依和国乐大师方锦龙合作的《茉莉花》,让现代科技和传统文化在舞台上完美融合。洛天依优美的人物形象在方锦龙古老悠扬的琵琶声中翩然起舞,搭配上她空灵的嗓音,整体画面美轮美奂,二次元文化与传统文化的结合没有任何突兀之感。周深与童声合唱团演绎动画片《千与千寻》的主题曲,周延以说唱与交响乐杂糅的方式演唱爆款国漫《哪吒之魔童降世》的主题曲,等等,都是极具创造性的尝试。这些融合方式不仅丰富了晚会的表现形式,而且充分彰显了 B 站年轻化、多元化的风格,真正反映出当代年轻人开放、包容、没有框架束缚的思想和心态。正如晚会出品人、B 站副董事长兼 COO 李旎所言,“B 站的社区生态和内容生态是兼收并蓄、充满养分的,年轻人喜欢和感兴趣的内容都能在 B 站找到,不同的文化圈层都可以在 B 站得到生长”①。

可以说,亚文化出圈的核心动力是兼收并蓄的文化创新。B 站不囿于自身文化资源,积极利用更符合大众审美的形式对其进行改编,找到观众喜爱的不同文化之间的相通之处,从而去除单一文化符号,打破文化圈层壁垒,打造出个性与共性并存、既属于 B 站又属于全体网民的跨年晚会。

B 站通过对自身特点的深入剖析、对用户喜好的科学筛选、对节目内容的精心筹备、对展现形式的大胆创新,充分发挥了圈层文化的魅力,为网络空间治理提供了新的操作思路。究其根本,成员彼此紧密连接的亚文化群体不同于随机流动、松散的传统媒体受众,亚文化群体在以趣缘聚集后,其圈层产生了闭合性,也创造出不同的文化符号、价值体系,甚至文化系统。B 站的“前方高能”、快手的“老铁 666”、知乎的“人在美国刚下飞机”,都体现

---

① “最懂年轻人的”B 站跨年晚会融合多元文化内容,创新节目呈现形式,广受好评——跨年晚会开启创新之夜[EB/OL].(2020-01-14)[2020-02-14]. http://www.ciplawyer.org/html/whcycycy/20200114/143759.html? prid=185.

出粉丝和所在社群的绑定关系。圈层文化包含差异也包含共识,更包含着凝聚力。对网络治理工作而言,B站的新型流量逻辑提示我们应该更多地考虑如何建立用户关系、提高用户黏性。找到圈层文化与大众文化的契合点是有效对话、凝聚共识的重要手段。

第七章 5G背景下的网络舆情治理（三）：新特征、新问题的预判分析

本章摘要

第五章至第七章，本文就网络空间舆情治理进行了分析。第五代移动通信技术(5G)的发展会带来舆情产生方式的巨大改变，舆论生成方式、传播方式都有了革命性变化，但从舆论生成的逻辑上看，还是与4G网络社会、与现实社会转型期紧密相关的。5G将对信息传播产生深刻影响，因此本章对5G时代网络舆情的新特征、新问题进行探讨。基于4G现状和5G的六大优势，本章将5G时代网络舆情的新特征总结为七点。这些特征带来智能化、强交互、全连接的网络舆情信息传播模式，但随之而来也引发了一系列问题：一方面，网络舆情的负面效应或因混乱的“观点的自由市场”而加剧甚至极化，网络暴力、谣言、炒作等不良信息激增，群体极化、非理性言论等频发；另一方面，技术强力卷入网络舆情场域或引发对一系列问题的追问，如有效信息隐没、信息过载是否引发网络舆情功能性价值的贬损，“物”作为舆情参与主体是否会产生技术理性对舆情“人性”的反噬，新兴技术是否造成虚拟与现实世界的边界模糊等。

一、5G时代的信息传播革命与网络舆情

目前学界、业界多对5G的未来发展、现实影响、应用前景等话题展开讨

论与预测,在国际标准化组织 3GPP 所定义的“三大场景”[①]基础上,5G 主要集中于三个层面的应用:(1)3D/超高清视频、直播等大流量应用将成为移动宽带业务的主流,以虚拟现实(VR)、增强现实(AR)、混合现实(MR)等技术为主导的场景媒体获得进一步发展的可能;(2)突破了以往人与人之间的通信,使得人与机器、机器与机器的通信成为可能,“万物互联”“万物皆媒”的时代或将到来;(3)以大数据和人工智能为基础的智能化连接日益成熟,低时延优势将推动新技术与垂直行业如交通、医疗、工业、畜牧等的融合,由此衍生出智慧医疗、智慧城市、智慧出行、智慧畜牧、智慧安防等具体应用场景。因而,如果说 4G 改变的是人类生活的话,那么 5G 改变的则是人类社会。

然而,在弥散式、繁复化的科学性设想并预测现实的讨论中,如若回归移动通信技术“建立移动体间多元连接、交互多元信息”的技术哲学本质,就不难发现,5G 作为最新一代的蜂窝移动通信技术,其所具备的高速率、大容量、低时延等特质及其所指代的最大社会现实改变——“实现人与人之间的通信走向人与物、物与物之间的通信,实现万物互联”[②]等,实然象征着一场信息传播的革命,新技术引领下的信息传播主体、速度、场所、产品、效果等或产生多层次、程度不同的转向。因此,正如被誉为“第五媒体最早理论联系实践的研究者”的项立刚在《5G 时代——什么是 5G,它将如何改变世界》一书中所言,“从语言、文字,到印刷术、无线电、电视与互联网,信息传播技术的变革曾数次改变人类文明的发展进程,依托 5G 的智能互联网平台或成为第七次信息技术革命的基础”[③]。

网络舆情的生成方式在移动通信技术出现、迭代并成熟过程中发生了变革。网络舆情作为社会舆情中灵敏度最高的结构组成,指的是“媒体或网民借助互联网,对某一焦点问题、社会公共事务等所表达的具有一定影响力、带有一定倾向性的意见或言论”[④]。互联网平台天然的开放性架构,隐匿

---

① 项立刚. 5G 时代——什么是 5G,它将如何改变世界[M]. 北京:中国人民大学出版社,2019:90.

② 喻国明. 5G 时代传媒发展的机遇和要义[J]. 新闻与写作,2019(3):64.

③ 项立刚. 5G 时代——什么是 5G,它将如何改变世界[M]. 北京:中国人民大学出版社,2019:44.

④ 姜胜洪. 网络舆情的内涵及主要特点[J]. 理论界,2010(3):151.

性、互动性等特质，使其日益成为公众针对社会事务、热点事件等发表观点与意见的重要场域。以 2003 年“孙志刚事件”中民众借助网络平台进行话语表达为重要标志，网络舆情日益成为学界探讨、政府关注的重要对象。网络舆情作为互联网平台上个体或群体相互联结，开展信息传递、交互，并最终达成观点或意见的集合产物，诞生初期多通过“电子邮件（E-mail）、新闻组（News group）、即时通讯工具（IM）、电子公告板（BBS）、博客（Blog）、维客（wiki）等渠道”①聚合并传播，且多以固定互联网连接为依托。而随着移动通信技术的多次更迭并成熟，移动端逐渐成为公众获取信息、发表观点的重要介质，“移动互联网”的出现，彻底改变了网络舆论格局。

从第一代移动通信技术（1G）仅有的通话功能，第二代移动通信技术（2G）开启的文本（txt）时代，再到第三代移动通信技术（3G）所象征的图像（jpg）时代、第四代移动通信技术（4G）所代表的视频（avi）时代，伴随着更高速率、更大频宽与更稳定的网络传输，移动通信技术的成熟使得移动端日益成为集通讯、上网、视频、定位等功能于一体的“微型电脑”，这也催生出智能手机、平板电脑，以及多样化的移动通信应用（如微博、微信）等。而伴随着越来越多的网民使用智能手机上网发表观点或意见，由于移动互联网不同于固定互联网的特性，网络舆情在多维度上亦呈现出新的特征。有学者将移动互联网舆情相较于固定互联网舆情的新特征总结为五点：“（1）舆情网络平台泛在化、宽带化，终端移动化、智能化；（2）舆情主体间构成‘强关系’网络，向低收入低学历人群拓展；（3）引发舆论热潮的舆情客体‘触点’更多，‘发酵更快’；（4）舆情信息碎片化，图片、音频、视频的比例增加；（5）舆情传播圈群化，实时、基于地理位置传播”②。类似的是，有学者将移动互联网舆情的新特征总结为“跨时空、跨地域性、病毒性传播、泛在性、动态性、趋同性、复杂安全性”③等。可见，随着移动通信技术的出现、迭代与成熟，从固定端向移动端“平移”的网络舆情客观上发生了重要的历史性转向。

---

① 刘毅. 略论网络舆情的概念、特点、表达与传播[J]. 理论界，2007（1）：12.

② 唐涛. 移动互联网舆情新特征、新挑战与对策[J]. 情报杂志，2014，33（3）：114-115.

③ 胡波，闫国俊，付为娥，骆公志. 移动互联网时代网络舆情传播特点研究[J]. 价值工程，2014，33（16）：6-8.

移动通信技术的迭代对以“信息传播”为本体的网络舆情产生深刻影响。在当前由3G、4G开启的全民舆情时代,跨时空、跨地区的不同人群可以根据不同事件、事务发表不尽相同的观点或态度,由此引发移动互联网舆情的复杂性。而第五代移动通信技术与第四代移动通信技术相比,“具有更大带宽(10~20Gpb,是4G的10~20倍)、更低时延(空口时延1ms,为4G的1/5)、更大连接(100万台连接设备/Km^2,是4G的10倍)”①。这种物理特性的更迭,加之学界、业界对智能互联网时代来临引发第七次信息技术革命的科学畅想,催生了对5G时代网络舆情新态势的可能性追问。因此,本章即从5G所引发的信息传播变革出发,试图对5G时代网络舆情的新特征、新问题等展开预判性分析。

二、5G 时代网络舆情新特征的预判性分析

在前文所述的4G核心矛盾基础之上,5G时代的网络舆情将呈现出一系列新特征。而探索5G对网络舆情的作用及结果,需先厘清网络舆情的结构要素。有学者将网络舆情的要素总结为“网民、公共事务、时空因素、本体、强度、质和量”②等,亦有学者将网络舆情的形成分为“主体、对象、本体、媒介及过程等五个关键性因素”③。学者们在对网络舆情结构要素的不同划分中,积极探索不同技术、政治、社会、文化等语境下网络舆情的变化。

上文谈到,考察移动通信技术迭代中的变革性话题,其逻辑起点正在于新技术引发信息传播革命的可能性。而网络舆情传播是指“网络舆论信息在网络空间由点到面、由聚到散、由冷到热的动态变化过程”④,其描述的是舆论行为主体在空间内部生成、交互、传播并聚合信息的全过程。因此,通过对网络舆情信息传播过程的体察,为保证讨论的逻辑连贯性,本研究试将

① OSSEIRAN, MONSERRAT, MARSCH. 5G 移动无线通信技术[M]. 陈明,缪庆育,刘愔,译. 北京:人民邮电出版社,2017:7-9.

② 刘毅. 网络舆情研究概论[M]. 天津:天津人民出版社,2007:45-77.

③ 王平,谢耘耕. 突发公共事件网络舆情的形成及演变机制研究[J]. 现代传播(中国传媒大学学报),2013,35(3):63.

④ 曹劲松. 网络舆情的基本特点[J]. 新闻与写作,2009(12):39-40.

网络舆情的要素划分为:(1)网络舆情发生场所(空间);(2)网络舆情参与主体;(3)网络舆情传播中介;(4)网络舆情传播时空特性;(5)网络舆情信息作用客体,指的是引发网络舆情的焦点事件、社会性事务等;(6)网络舆情信息本体,指的是舆情信息中对焦点事件、社会性事务的观点或意见等,其分为内容与形式两个要素,并以此为基准对 5G 时代网络舆情新特征进行预判性分析。5G 时代网络舆情同 4G 时代相比可能存在多个要素层面的区别,内容如表 7-1 所示。后文将作续述。

表 7-1 4G 时代网络舆情与 5G 时代网络舆情特征对比

网络舆情要素		4G 时代网络舆情	5G 时代网络舆情
舆情发生场所(空间)		移动互联网	物联网
舆情参与主体		作为主体的网民	智能化的“物”作为公共信息的传播者
			主体智能化:“赛博人”的崛起
舆情传播中介		“信息传播中介”的意义	“去中介化”的网络舆情交互
舆情传播时空特性		快速、滚动	聚合即时化、传播短促化、空间泛在化
舆情信息作用客体		触点多、“发酵”快	触点:任意化、不确定性强
舆情信息本体	形式	文字、图片、视频等	视频作为主导、新技术“加持”
	内容	情绪化、非理性内容	极度混乱的“自由市场”、自净化特征凸显

(一)万物互联:网络舆情的全新发生场所

5G 的重要特点之一,即超大连接,国际电信联盟(ITU,International Telecommunication Union)期望,“5G 时代网络连接终端数密度可以达到每平方公里 100 万个”①,约为 4G 的 10 倍。因而,如果说 4G 主导的移动互联网因连接终端数量的限制而仅或多接入移动手机、平板电脑等,那么 5G 的普及就使得终端突破“人群”的限制,人—人、人—物、物—物等万物互联的时代或将到来。“终端不再仅限于手机,而且终端也不是按人来定义,因为每人

① 项立刚.5G 时代——什么是 5G,它将如何改变世界[M].北京:中国人民大学出版社,2019:100.

可能拥有数个终端。"①

4G 时代,网络舆情的生成、聚合与扩散在物理层面上多发生于以移动通讯设备终端为主体的移动互联网平台,信息交互的场所多为单一或少量终端移动互联网应用;而伴随着以人—人互联为核心的移动互联网,转向以人—人、人—物、物—物互联为核心的物联网,网络舆情的信息交互场所或变为"场景多样化、数量不限"的物联网应用。因而,不妨大胆设想,5G 时代的网络舆情不再是移动端的特定产物,在整个物联网的不同端点、不同场景中均可能有"观点或意见"的踪迹,"移动互联网舆情"或将演化为"物联网舆情"。

(二)机器生产内容(MGC):网络舆情的智能化参与主体

5G 时代,伴随着大数据、人工智能、云计算、传感器等新技术的日益成熟,"'物'的智能化程度将递增,其开始被赋予人类独有的类认知能力"②。而经由"物联网"的全连接特质("物"作为终端接入网络),"物"开始具备自主采集、加工并向"人"或"他物"发布信息的能力,且适配于不同的应用场景。譬如在"智慧畜牧"的设想中,5G 网络通过附于牲畜身上的传感器,即时采集其生理状况、位置等信息,结合语音识别、图像分析、人工智能等手段监测分析牲畜的健康与安全情况,处理并集成后的信息会借助物联网反馈给畜牧工作人员。因此,在 5G 赋能"万物智能互联"的语境下,智能化的"物"既成为信息传播的中介,加入信息流通网络,更在一定程度上跃迁为信息传播内容的生产者,即 MGC③,譬如新华社于 2017 年 12 月 26 日面向全球发布的中国第一个媒体人工智能平台——"媒体大脑"1.0、2018 年 6 月 13 日发布的"媒体大脑"2.0 MAGIC 智能生产平台。"借助大数据处理技术、智

---

① 党洁. 5G 时代信息传播的社会效应分析[J]. 新闻知识,2019(2):17.

② 申田,严亚,董小玉. 泛媒·可视:媒介技术发展对网络舆情产生的影响及对策[J]. 新闻爱好者,2017(12):43.

③ MGC,即 Machine-Generated Content,机器生产内容,指的是运用人工智能技术,由机器生产内容。目前较为成功的应用是新闻报道领域的写作机器人,其工作水平已能匹敌人工,比如腾讯的 Dream Writer、《今日美国》短视频制作机器人 WIBBITZ、法国路透社 NEWS TRACER 智能算法、BuzzFeed 开发的 BUZZBOT 等。

能算法技术以及人机协作技术，MAGIC 在 2018 年俄罗斯世界杯期间实时自动生产出一系列视频稿件。”①

4G 时代，网络舆情的主要参与者为网民，强调“人”在信息传播交互过程中“观点或意见的聚合”。而在 5G 时代，作为媒介的“物”具备向所有“联网者”传播信息的能力，“‘物’成为新的公共信息的‘传播者’”②，作为参与主体的“物”的传播或将改变网络舆情的面貌。一方面，MGC 或成为网络舆情变化、演进甚至发酵的重要“助力”。被认为具有相对客观性的“物”，借由算法、AI 等“工具的理性”，一定程度上可真实、客观、完整、全面地反映现实世界，这对传统意义上以主观性、情绪化、非理性等特质为主导的网络舆情具有对冲性价值，有助于减少网络舆情发酵所带来的可能风险。另一方面，MGC 的背后并不意味着“人”完全消失，5G 时代对人工智能、传感器、算法等技术资源的控制，可能会衍生出“新权力”，进而影响其在网络舆情中可能产生的正向作用。不过，有学者指出，“新技术的高速发展使其可能成为具有自主性的‘物’的力量，参与媒介化的现实建构”③。因而，“物”作为网络舆情的崭新、智能化参与主体的意义与价值仍需进一步挖掘。

（三）“赛博人”的崛起：网络舆情参与主体的智能化

5G 高速率、大容量等特征，使得虚拟现实（VR）、增强现实（AR）、混合现实（MR）等技术获得全面发展，同时传感器、人工智能、云计算等技术亦日益成熟。因此在“万物互联”所强调的“人—人、人—物、物—物”的全连接范式下，以“人机互嵌”为核心的“赛博人”④的概念设想或将成为现实：VR、AR、

① 傅丕毅，陈毅华. MGC 机器生产内容+AI 人工智能的化学反应：“媒体大脑”在新闻智能生产领域的迭代探索[J]. 中国记者，2018(7)：30-32.

② 彭兰. 5G 时代“物”对传播的再塑造[J]. 探索与争鸣，2019(9)：54.

③ 丁方舟. 论传播的物质性：一种媒介理论演化的视角[J]. 新闻界，2019(1)：71-78.

④ 赛博人：该概念由复旦大学新闻学院孙玮教授于《赛博人：后人类时代的媒介融合》（发表于《新闻记者》2018 年第 6 期）一文中提出，其源自美国后现代主义学者唐娜·哈拉维（Donna Haraway）在 1987 年发表的《赛博宣言：1980 年的科学、技术与社会主义女性主义》（*A Manifesto for Cyborgs: Science, Technology, and Socialist Feminism in the 1980s*）一文中所提出的“赛博格”（Cyborg）概念。“赛博人”指的是无机物机器与生物体的结合，又称作电子人，如安装了假肢、加压、心脏起搏器的“人”等。

MR 等技术将会作为“人”的感官延伸而存在,其与“人的肉身”相嵌,决定着“赛博人”同 4G 时代借助移动终端与“他者”互联的“人”不同,其所指代的是感官无限延伸的“人”的智能化。而“智能化”的人作为信息传播的新主体,其在性质上“已经从掌握工具的自然人转变为技术嵌入身体的赛博人”①。

5G 时代,“赛博人”或将以一种全新姿态加入网络舆情信息的生成与传播过程。一方面,网络舆情信息将会以一种更直接、更逼真、更清晰的姿态进行交互,“赛博人”之间的对话与沟通在一定程度上具备了“身体在场”的可能,这不同于 4G 时代及其过往的“信息在场”传统,舆情信息交互的“全息性”得以实现。譬如,网民可以借助智能穿戴设备进入 VR 应用所营造的现实场景中进行交流互动,舆情信息将会在类人际传播过程中流动,非语言、实时的信息交互得以实现。正如有学者所言,“VR 社交真正实现了‘在场’。不管是微信还是各种直播软件,都无法真正跨越时空的距离,让远距离的用户相聚在一个地方”②。也因此,腾讯集团董事会主席兼 CEO 马化腾谈到,“我现在决定认真地考虑我们对 VR 版本微信的开发”③。另一方面,网络舆情信息传播网络或将产生变革,“赛博人”所象征的“身体在场”决定其成为“移动网络的节点主体”④,人也成为媒介,这使得以往以特定信息传播中介(主要是移动终端)实现“人—人”连接的移动互联网,转变为以“赛博人”、智能化“物”等全连接为特征的物联网,舆情信息传播的中介意义得以消解。下文将作续述。

(四)万物皆媒:“去中介化”的网络舆情交互网络

4G 时代,网络舆情信息交互并最终形成“某一种或某几种合意”的过程,客观上需要参与主体借助移动终端接入移动互联网,并多以社会化媒体应用(如微博、微信等平台)作为信息发布、交互并传播的重要平台。移动设备等终端是完成“人—人”互联的重要中介,网络舆情信息生成、传播并聚合

---

① 孙玮. 赛博人:后人类时代的媒介融合[J]. 新闻记者,2018(6):5.
② 张洪忠,丁磊. 5G 时代的 VR 社交会取代微信吗[J]. 新闻与写作,2018(7):48.
③ 马化腾:我们应认真考虑开发 VR 版本的微信了[J]. 中国经济周刊,2018(44):10.
④ 孙玮. 赛博人:后人类时代的媒介融合[J]. 新闻记者,2018(6):5.

的大致路径为:用户接入手机、平板电脑等移动终端中介,由此进入移动互联网络,通过使用终端的移动互联网应用(微博、微信等)完成与他人的信息交互,并最终在移动互联网应用上外化网络舆情信息。

而 5G 所象征的“万物互联”时代的到来,客观上改变了 4G 时代信息交互的“中介化路径”。人类或多以“赛博人”的姿态直接进入物联网络,开启与“他人”“他物”的连接过程,任何一个信息发布者与信息接收者均能够成为“物联网”中的节点,移动互联网时代人们“赖以生存”的信息中介的意义与价值得以消解:“当媒介弥散于社会,成为像空气一样须臾不可离的东西时,它自然而然地‘隐没’了。”[①]换言之,4G 时代网络舆情参与主体的信息交互是以移动互联网为中介的,而 5G 时代网络舆情交互并传播具有“去中介化”的特质,观点或意见的“集合性产物”即舆情信息,将以一种日常化、弥散式、无处不在的姿态充斥于物联网空间内部,并外化于物联网应用中。

(五)视频主导与新技术加持:网络舆情信息的新形式

伴随着 5G 高速率、高容量、低时延、低功耗等特点,信息传播的低分辨率、传输延时等问题将被克服。5G 时代,用户能够体验的下载速度为每秒 1—10G,即超高清视频的下载与观看将实时化。如喻国明教授所言,“5G 时代视频语言将取代文字语言成为社会交流的主要表达形式”[②]。届时,增强移动宽带(Enhanced Mobile Broadband,eMBB)的应用场景,如移动直播、超高清视频、3D 视频等将成为普及性应用。

高质量的视频信息将成为 5G 时代信息传播的主导形式。4G 时代的网络舆情载体主要以文本为主,图片、视频等也日益成为网民表达观点或意见的方式,由此衍生出一系列以图片、视频交互功能为主体的移动端应用,如集文字、图片、语音、视频等功能于一体的微信、微博应用,强调“短视频社交”功能的抖音、微视、快手等应用。5G 时代信息传播载体发生变化,网络舆情将多以视频的形式生成、传播并聚合,作为舆情集散地的新视频应用或

---

① 孙玮. 媒介的隐没与赛博人的崛起:5G 时代的传播与人[EB/OL]. (2019-07-12)[2020-03-10]. https://mp.weixin.qq.com/s/S0c5wJMXzVay0uhoPIk7cg.

② 喻国明. 5G 时代的传播发展:拐点、挑战、机遇与使命[J]. 传媒观察,2019(7):5.

将诞生,视频社交将会成为 5G 时代公众舆情信息交互的主导范式。同时,上文谈到 5G 时代 VR、AR、MR 等技术将会获得全面发展,新技术将会改变用户体验,“赛博人”或将出现。因此,VR、AR、MR 等技术将实现虚拟和现实的联结,人们在观看视频过程中能获得更多的沉浸感、体验感与代入感,网络舆情信息交互效果更强。

(六)混乱的“自由市场”

5G 支持的网络速率约为 4G 时代的 100 倍,“下载速度可达每秒 1—10G”①。4G 时代,“一个事件通过微博能够在 30—50 分钟内发酵成为舆论热点”,②而 5G 百倍于 4G 的速率,决定着 5G 时代海量化网络舆情的聚合、演进、更迭将以“难以预测”的高速率进展,呈现出聚合即时化、传播短促化等特质。同时,5G 使得移动互联网基本达到广泛、纵深覆盖的两大目标,即“在人类足迹延伸的任何地方均可开展更高品质的网络部署”③;网络舆情传播将几近完全摆脱空间限制,呈现出空间泛在化的特质。此外,5G 通信技术的另一个显著特点是“高带宽”(每平方公里内可以支撑 100 万个移动终端,是 4G 的 10 倍)。万物互联时代,具备信息传播能力的“赛博人”或智能化的“物”等多主体均接入物联网,这使得网络舆情作用客体成为“无所不在”的现实:任何一个可能引发网络舆情的“社会性事务、焦点事件”均可能借助物联网中任意节点的力量在网络空间内部传播并聚合。因而,网络舆情作用客体的触点任意化,不确定性极强,这也使得观点与意见所陈列之内容更丰富、流动路径更复杂。

4G 时代互联网具有匿名性、自由性、开放性等特征,网民以缺乏足够判断力、理性思考能力的年轻人为主,因而在强烈的民主参与、意见表达意愿的作用下,互联网日益成为网民情绪化、非理性化、戏谑化、娱乐化等表达的重要空间,同时群体极化等现象频发。因而,网络舆情常被认为是引发社会恐慌与不安、具有较强负面效应的社会现象。而在 5G 时代,观点或意见更

①③　项立刚. 5G 时代——什么是 5G,它将如何改变世界[M]. 北京:中国人民大学出版社,2019:95.

②　董丽娇. 5G 时代网络舆论引导面临的挑战及对策[J]. 人民论坛,2019(32):128.

是以一种自由、高速、海量、泛在、难以把控的流动姿态占据着网络舆情空间。正面或负面信息,理性或非理性信息,真实或虚假信息,偏见性或中立性的观点,客观的发声或主观的宣泄等,几乎所有信息均能在网络空间内部流通,约翰·弥尔顿(John Milton)在《论出版自由》一书中提到的"观点的自由市场"(Marketplace of Ideas)或将全面到来,只不过它瞬息万变且难以捉摸,甚至缺少"规则与秩序",混乱程度极高。这也使得 5G 时代网络舆情的负面效应将继续扩大,传统伦理失范现象如网络暴力、网络谣言、网络炒作等或将加剧,同时主观、非理性、戏谑化信息与客观、理性、严肃化信息分庭抗礼,外化出一种更紧绷、更难调和的信息传播张力。

(七)"正负"摇摆:网络舆情自净化特征或将凸显

5G 时代网络舆情的混乱流动姿态使得其负面效应将继续加剧,网络舆情或成为 5G 时代社会治理的重要对象。4G 时代有学者即提出,网络舆情的负面效应需要通过自净化与外净化两种路径加以应对,一方面,有关部门、媒体等充分发挥其舆论引导的职能,积极及时传达客观、真实、完整的信息;另一方面,以网络意见领袖、知识分子、知情人等"新意见阶层"为主体开展舆情自净化,即"网民群体自发讨论、交流、抵制等,使网络舆论中虚假、极端、暴力或低俗等元素被抵制或抑制,从而使网络舆论走向真实、理性、温和与健康"①。正如陈力丹教授所言,"微博等新媒体既可能比传统媒体更为迅速地传播流言,但也可能成为迅速制止流言传播的最有效渠道——健康的意见通过观点交锋而战胜非理性的意见"②。

实际上,网络舆情自净化特征或在 5G 时代全面凸显,"真理的自我修正"(Self-righting of Truth)过程或将加速实现。一方面,海量存储与即时化、短促化传播,空间泛在的信息特征,以及"万物互联"的空间特征客观上决定着网络舆情参与主体能接收并吸纳更全面、细致、多元的信息。同时,高清视频主导、新技术加持下"沉浸式传播"范式的兴起,客观上使得信息传播交

---

① 方付建. 网络舆论自我净化问题研究[J]. 电子政务,2013(4):31-37.

② 陈力丹. 关注新媒体的"自净化"能力[J]. 国际新闻界,2011,33(5):10.

互效果递增,因而网络舆情信息传播作用客体——“社会事务、焦点事件”等或将以全方位、多侧面、体验感更强的方式再现。另一方面(上文谈到),智能化的“物”的接入,使更多客观、真实、理性的信息流涌入物联网络,客观上为网络舆情注入“中立性、引导性力量”。

因此,可能预见的悖论(或称矛盾)是,混乱的“观点的自由市场”既使得以往网络舆情的负面效应继续加剧,又在逻辑上推动着“真理的自我修正”过程,5G 时代每个网络舆情生成、聚合并传播后的社会效应、群体立场、公众情绪等均可能在“正与负”的性质光谱间游走。这或可敦促传统网络舆情治理范式的颠覆式更迭。

三、5G 时代网络舆情引发新问题的预判性审视

网络舆情因新技术的应用或将呈现出一系列崭新的特征。5G 时代,“赛博人”与智能化的“物”一同在“去中介化”的网络空间内部进行观点或意见的交互。技术赋能时代网民参与舆情交互的方式、能力等均有了提升,但舆情信息紧绷的时空特性以及触点事件的强不确定性等混乱性特质又赋予网络舆情极大的负向内涵。因此,5G 时代网络舆情极强的不确定性和复杂性必然引发一系列难以预估的新问题。本章就 5G 时代网络舆情新特征所引发的新问题进行简要的预判性审视。

(一)信息隐没与过载:网络舆情功能性价值的贬损

网络舆情是社会公众对自己关心或与自身利益紧密相关的各种公共事务所持有的多种情绪、态度和意见交错的总和。非理性、情绪化等特征以及网络舆情事件的频发,使得“网络舆情”长期被贴上负面标签。但在客观上,网络舆情作为社会舆情、社会认知等的“晴雨表”“风向标”,是网民对社会事务建言献策、对负面事件实施舆论监督、对焦点事件进行积极表达的产物,是公众政治参与、民主参与的重要形式。如 2003 年“孙志刚事件”、2011 年温州动车事故等,真相的现身与问题的解决均与网民的观点或意见密切相关,因而网络舆情具有重要且正向的功能性价值,客观上成为公众民主参与

的重要方式。而5G时代网络舆情的功能性价值或因信息的过度连接而发生一定程度的贬损,具体来说或有以下两个层面的考量。

1. 网络舆情有效信息或被隐没

5G时代网络舆情信息传播的典型特征,即信息“高度”在场,也仅是“在场”,信息不过是在公众视线里“一闪而过”。人与他人、与以“观点或意见”为主体的舆情内容的全连接过程,反而使得价值性高的观点、意识、诉求、情绪、倡导,甚至呐喊等有效信息“缺席”,冗余、虚假、杂乱的信息占据着有效信息的生存空间,因此正如彭兰教授所言,“人和内容的过度连接带来的一个直接后果是,内容总体的‘价值密度’变小,有价值的内容被湮没在过量的内容中,用户发现有价值的内容的成本反而上升”①。同时,5G时代网络舆情有效信息因更具张力的时空特性也呈现出“支离破碎”的形态,其以极快的更迭速度游荡于空间内部。

2.“信息过载”或引发公众舆情麻木

万物互联时代的莅临,使得不同参与主体在单位时间内接收的舆情信息量激增,个体或始终处于舆情信息的高强度、全连接过程中。信息过载或成为5G时代物联网信息传播的重要特征。由此引发的直接问题是,网络舆情参与主体“人”的信息焦虑感增加,其对舆情信息的敏感度或降低,发声、互动、呼吁等正向行为或受影响,甚至会对过度连接的舆情信息产生麻木、无动于衷甚至是完全拒绝等负面情绪,参与主体对社会性事务、焦点事件的参与以及表达的意愿或将受其影响,民主参与或仅是参与的“幻象”。

(二)作为“双刃剑”的技术:网络舆情的伦理新问

新技术的作用力是探讨5G时代网络舆情新特征的关键性因素。实际上,5G及其赋能的其他技术的发展与成熟,客观上使得人类社会朝着更便捷、更“省力”、更智能化的方向发展。但这些新技术的应用并非“一劳永逸”的。作为“双刃剑”的代表,实际上不少学者已经针对人工智能、智能算法、

① 彭兰.连接与反连接:互联网法则的摇摆[J].国际新闻界,2019,41(2):20-37.

区块链、VR、AR 等技术应用后可能出现的伦理问题展开探讨。因此,可以预见的是,5G 赋能新技术的“强力介入”使得网络舆情或出现一系列复杂、尚且无法回应的伦理困境。

1. 智能化“物”作为舆情参与主体或引发技术伦理新问题

随着人机互联时代的到来,智能化的“物”或可成为舆情信息发布的主体。但这直接引发的问题是:人机时代,“决策权部分或完全实现了由人向机器的转移”①,“物”所掌握的由人让渡而来的决策权是什么?其对舆情信息发布、反馈的权责是什么,又或者承担何等义务?工具理性支撑下新技术的决策作用结果能否自然流通于网络舆情空间内部?MGC(技术生产内容)是对网络舆情主观、情绪化、非理性化等特质的遏制,还是一定程度上演变为具有自主性的“技术”对人的观点性、价值性甚至是“人性”的控制?技术理性对舆情所蕴含之“人性”是否构成反噬?这或成为 5G 时代网络舆情伦理探讨的关键性问题。

2. 虚拟与现实的边界模糊:现实世界的失焦

5G 时代,VR、AR 等新技术的全面应用推动网络舆情信息交互效果增强,“赛博人”因而崛起。同时,伴随着新技术加持下高质量视频信息的全面流行,5G 时代网络舆情信息交互或以一种更真实、更具代入感的方式得以铺陈。以“类人际互动”为特征的虚拟场景多维搭建,客观上解决了传统网络舆情传播过程中可能出现的信息不对称、信息贬损等问题,但也可能引发舆情参与主体对所处现实世界的失焦。拟态的技术仿真世界与真实世界的界限越发模糊,在过度连接的物联网作用下,人们的注意力或多集中于网络空间内部纷繁复杂、眼花缭乱的观点或意见,而“顾此失彼”的是,丧失了对周遭现实世界的专注力与应有的观照。

① 卡普兰. 人工智能时代[M],李盼,译. 杭州:浙江人民出版社,2016:12.

第八章　5G背景下的人工智能治理——以智能媒体为例

本章摘要

随着智能媒体支撑下的算法推荐日益普及,大量同质化推荐无形中正在构建信息茧房,导致用户被算法权力所控,造成技术异化的困局。同时,智能媒体的介入使得智能时代的赛博文化开创了"人机交互"新形态。通过比对我国及发达国家现阶段智能媒体治理实践现状,笔者提出了治理实践的对策建议,包括加强赛博文化主流意识形态建设、平衡智能媒体报道、从行为引导和信息准确性方面加强智能媒体伦理审核、建立智能媒体辟谣机制、健全责任主体的监管体系等。

习近平主席多次强调要重视人工智能发展。"以互联网为核心的新一轮科技和产业革命蓄势待发,人工智能、虚拟现实等新技术日新月异,虚拟经济与实体经济的结合,将给人们的生产方式和生活方式带来革命性变化。"[①]习近平主席在中共中央政治局第九次集体学习时明确指示,加强领导,做好规划,明确任务,夯实基础,推动我国新一代人工智能健康发展。"人工智能是引领这一轮科技革命和产业变革的战略性技术,具有溢出带动性很强的'头雁'效应。在移动互联网、大数据、超级计算、传感网、脑科学等

① 引自2016年9月3日,习近平主席在二十国集团工商峰会开幕式上的主旨演讲。

新理论新技术的驱动下，人工智能加速发展，呈现出深度学习、跨界融合、人机协同、群智开放、自主操控等新特征，正在对经济发展、社会进步、国际政治经济格局等方面产生重大而深远的影响。加快发展新一代人工智能是我们赢得全球科技竞争主动权的重要战略抓手，是推动我国科技跨越发展、产业优化升级、生产力整体跃升的重要战略资源。”[①]依据我国《新一代人工智能发展规划》的“三步走”战略，“到 2030 年，人工智能理论、技术与应用总体达到世界领先水平，成为世界主要人工智能创新中心”[②]。

人工智能潜力巨大。麦肯锡全球研究报告指出：“以人工智能推动的智能革命是以往工业革命发生速度的 10 倍，规模的 300 倍，影响的 3000 倍。”[③]人工智能的本质是用机器模拟人的智能，是人类感知、决策以及行动等智慧的外化。现阶段人工智能三大应用领域分别是智慧城市、智慧生产和智慧生活，同期诞生的还有许多新的解决方案，例如智慧工厂、智慧交通和智慧农业等。在应用层上，人工智能的衍生很多，例如进行影像处理、图片搜索和语言输入的智能 App，工业机器人、服务机器人、智能家居和智能汽车的智能产品等。

5G 的出现，给人工智能发展带来了更大机遇。5G 技术将服务器的集中云转化为移动设备云，解决了智能移动设备储存资源受限问题。得益于 5G 的智能家居，原来最多可以连接 6 款左右家电的智能音箱，现在可以连接 20 款以上的智能家居设备。随着 5G 技术的进入，车辆可以通过网络、传感器和边缘计算技术等进行自动驾驶，极大地方便出行。

人工智能时代，人文与技术交融，它以活跃而又富于变化的赛博文化为人类建构了新的意义世界，改变了人类的认知载体与认识方式，改变了文化的存在形态和发展轨迹。但与此同时，其中的不确定因素对社会秩序、伦理道德及公共安全产生的深刻影响，对意识形态安全带来的挑战等多项议题需要我们更深入的思考。

---

① 习近平：推动我国新一代人工智能健康发展[EB/OL].（2018-10-31）[2019-10-05].http://www.xinhuanet.com/2018-10/31/c_1123643321.htm.

② 新一代人工智能发展规划[EB/OL].（2017-12-13）[2019-10-16].https://www.sohu.com/a/158892921_160309.

③ ECONOMIST. Artificial intelligence: the return of the machinery question[J]. The economist, 2016(6).

一、5G赋能下的智能媒体应用现状分析

5G云计算提供了强大的算力，大数据提供了丰富的数据资源，算法提供了更精确的用户画像、实现了内容的智能推送，这使得智能媒体可以用语音交互、计算机视觉等技术服务于新闻信息的策、采、编、发以及监管环节，形成智慧采集、自动编写、个性化分发和数据反馈的智媒创作新生态。在5G时代，“AI+”模式不是可有可无的技术辅助，它几乎覆盖并重塑了新闻生产的整个流程，将人力生产变成“人机协作”。

中央政治局于2019年1月25日举行第十二次集体学习，习近平总书记发表重要讲话，指导人工智能媒体应用的发展方向和网络空间舆论治理方法。“要探索将人工智能运用在新闻采集、生产、分发、接收、反馈中，全面提高舆论引导能力。”① 2019年8月13日，科技部、中宣部等五部委和广电总局联合发布了《关于促进文化和科技深度融合的指导意见》，强调要推动人工智能技术在文化领域的深度应用和创新发展，强化文化领域新一代人工智能技术的有效供给。

推进人工智能在新闻舆论引导工作中的应用，既贯彻落实了党中央决策部署，也把握了智能时代的转型机遇。在政策和技术的双重推动下，新华社、中央广播电视总台、人民日报社以及多个地方媒体已经积极采纳智能媒体，提高新闻生产力，占据舆论引导高地。《媒体人工智能发展报告(2019)》表明，“我国将AI运用于效果检测的媒体占比43.3%；与人工智能协同完成内容生产工作、改变媒介形式并进行媒体资源运营管理的占比23.3%；还有20%利用数据分析等技术达成内容的智能、精确分发目的”②。

(一)写稿机器人

新华社“快笔小新”智能写稿机器人已经上线4年时间，极大地提高了

① 人工智能时代，新闻业怎样进化[EB/OL].(2019-01-30)[2019-10-23]. http://www.cac.gov.cn/2019-01/30/c_1124062141.htm.

② 媒体人工智能发展报告(2019)[R/OL].(2019)[2019-10-23]. https://mp.weixin.qq.com/s/c4xdTMZaG 8l4lMHnCSMicg.

新华社的新闻生产力,减轻了新闻从业者的工作压力。“快笔小新”写作流程一般都遵循“三步走”的固定模式:“数据采集清洗—计算分析—模板匹配”①。

首先,“快笔小新”对报道对象的数据进行全面收集,包括各种类型的文字、图表数据,以及第三方数据,比如报道、评价、引述等。其次,将上述数据进行清洗、处理,根据需求设计系统的算法模型,实时计算分析,将数据放在行业、社会或者国家的背景中作参照,提取关键信息,进行解读或观点性的总结。最后,用自然语言生成功能进行叙述和编写,自动匹配合适的模板,生成最终稿件。

有测试结果表明,用户对机器稿件和人工稿件的接受程度大体一致,这说明机器写作的产物基本满足了广大用户对新闻资讯的需求。如表 8-1 所示,随着人工智能技术不断进化,“快笔小新”也在不断升级。

表 8-1　相关技术采纳应用

文本复述技术	对不同的术语进行转述 避免版权问题的同时使语言更加丰富
语音交互技术	将语言转换成文字,并将文字信息实时转化为语音,进行清晰的朗读
看图或视频技术	从图片或者视频文件中提取出时间、人物、地点等信息,并对事件进行分析和提炼 根据实际环境等完成文本信息
智能模板生成	根据以往不同类型的稿件进行智能学习 自动生成智能模板
丰富数据库	拓展除了体育、财经、灾害和天气等之外的行业数据库

“快笔小新”已经能够完成天气预报、医疗报告、赛事简讯、财经报道等实用型文本,也初步涉猎诗词等文学作品创作领域。在时效性上,机器人写作远胜于人工;在信息搜集方面,由程序完成的素材归纳、分析,也比人工的覆盖面更广。但到目前为止,“快笔小新”仍不能代替记者产出逻辑复杂或叙事性强的社会、政治、经济和文化报道等内容,也无法保证稿件的精准程

① “快笔小新”:新华社第一位机器人记者[EB/OL].(2017-10-09)[2019-11-01]. https://www.sohu.com/a/196905347_644338.

度和趣味性。从这个意义上看,媒体的智能化还有很大的发展空间。

(二)智能视频剪辑

2019 年,央视新闻首次尝试将 AI 剪辑师运用到国庆 70 周年庆典活动报道中,制作了 300 条短视频。智能云剪辑能够准确识别视频局部的画面及声音等信息,自动采集画面核心内容特征,依据时间顺序建模和各类事件导致的关系变化,定义其中的关键事件及其时间和地域,再进行排列组合,完成智能剪辑工作。

智能剪辑导演和工程师用“九三阅兵”的多路信号让 AI 进行为期一个多月的智能训练,并设计开发了队伍方阵识别、有效镜头检测、自动合成剪辑三大类智能处理模型。[①] AI 智能剪辑系统对视频画面进行动作识别、特殊物体检测、语音特征检测、有效镜头检测和人脸检测等,对各方阵在各机位的有效画面进行镜头的检测分类和提取。利用自动合成剪辑模型,AI 智能剪辑系统按预先训练完成的剪辑规则,将同一环节或同一方阵或分列式画面剪接到一起,再通过语音识别、图像识别进行声画同步,自动生成短视频。

智能云剪辑系统是“5G+4K/8K+AI”人工智能 2019 新战略的新产物,它革新了直播导播工作链。原本需要三四十人的庞大的编辑队伍,现在只需五六个人的 AI 导演团队,三分钟左右即可出片,最大限度地释放了剪辑团队的生产力。

“多模态技术”是智能云剪辑的核心技术,即通过深度学习,结合信号处理理论,理解分析并合成多媒体信息。它是基于不同场景进行对应训练的,但是由于用于模型训练的内容有限,因此不能依赖海量数据进行分析处理,只能通过音频或画面先定位关键事件,再完成剪辑。换言之,现阶段的 AI 剪辑师暂时停留在自动化编程的阶段,还没有创作性。因此,智能剪辑师的应用范围暂时还十分有限。

---

① 助力央视全球新闻云立奇功[EB/OL].(2019-11-13)[2020-01-24].http://www.hnwtv.com/zb/CCTV9/2019-11-13/160563.html.

（三）内容审核与知识产权监测

网络空间的有害内容识别、监控和过滤工作长期依赖人力，效率低下且容易遗漏，利用人工智能技术可以对海量信息实现毫米级别的监控识别，提高有害内容的识别率，还可以根据预定的处理方案，有效过滤和替代相关信息的传播。2019 年，新华社自主研发了内容智能校验机器人“较真”，它不仅能完成校验易混淆字、内容规范表述等工作，还能自动识别人名、语义搭配，理解、辨别知识和调整稿件格式等，替代人力完成烦琐又耗时的校验工作，解放人力去完成更高级的生产任务。政治敏感信息、涉恐涉暴信息、色情信息、歪曲事实信息等均属于有害信息，目前，可分别建立面向视频、音频、文本的不同识别模型，通过大量内容训练，自动抓取有害信息特征，进行自适应判别和监测。

（四）智能采集与分发

大数据带来高效的信息获取方式，智能收录、智能翻译以及语音和文字转换技术为传媒行业的内容生产提供了基本素材，为数据挖掘提供了新闻线索。全媒体信息采编系统综合运用人工智能、大数据、云计算等前沿科技，对媒体资源进行高度整合、集中管理以及统一调度分发，改变了旧式的新闻采编模式，不限时间、空间，也不受设备的影响，形成了智能高效的采编体系。

同时，该系统还融合了音视频识别、人类语音识别和人脸识别等 AI 技术，通过收集普通群众、新闻记者、智能机器人、传感器等上传的图片、文字和音频三个维度的信息，使新闻编辑人员能够快速获取新闻线索，减少了新闻信息采集、整理、传递过程中耗费的时间和人力资源。有别于第一代全媒体信息采编系统“大而全”的理念，新一代系统强调“全而深”，更注重对采集到的信息的分析与挖掘，更贴近真正意义上的“智能”。

智能分发是基于数据分析技术，通过采集和精准分析用户数据而产生的个性化推送行为。智能分发建立在充分收集用户浏览、停驻、互动等数据的基础上，再依赖数据分析、自然语言理解等技术达成精准送达目的，高效高质地实现媒体内容的“5A”服务(Anyone、Anytime、Anywhere、Anyway、Anyservice)。媒体大多在争夺用户时间,以媒体大脑为例,内容多渠道一键发布至多个平台,在简化工作流程的同时提高效率,通过内容的精准分发,实现与用户的高频互动;另外,在效果反馈环节,依据已采集的数据进行用户画像、传播效果和转引转载分析,反哺用户数据库,相互促进,提高智能送达的精准度,能大大增加用户黏性,从而提升商业效益。

(五)智能媒体的其他领域应用

智能媒体助力车载媒体的发展。5G可以保证车载媒体稳定和安全的网络环境,即使在春运时的高铁上,每个人也都有很好的5G使用体验。5G、人工智能、物联网和移动互联网应用都将被运用到全新的车载智能媒体体系中。智能的车载广播媒体可以通过大数据、智能算法和5G切片技术,推送个性化的音频服务,根据不同地点、不同天气推送不同的定制化内容,实现广播媒体和车载智能媒体的双向互动。智能汽车语音交互系统也将成为车载媒体的必需品,快速满足驾驶员和乘客不同的需求,例如路线导航、获取新闻资讯、天气查询和周边美食查询等。例如2019年7月,哈弗和百度共同研发并推出的一套智能生活云Hi-Life生态系统,就具备车载智能媒体的形态。未来,自动驾驶被广泛运用后,车内影院和在线游戏等娱乐功能也会被应用于车载媒体之中。

智能媒体助力家庭智能媒体系统的发展。5G技术和人工智能使家庭媒体系统中诞生了许多智能化终端产品,如智能家电、VR/AR设备、智能机器人、智能音箱、娱乐游戏装备等。新型的家庭网络信息传播体系不仅包括家庭场景中的人与人、人与媒体之间的传播,而且包括人与物的传播。

首先,家庭智能媒体运用在家庭娱乐和影音之中。智能媒体借助各种人工智能技术和传感器技术,使即时动态捕捉、人脸识别、语音识别、HD震动等进入家庭媒体互动中,体感游戏等互动娱乐成为家庭智能媒体的新宠。

其次,家庭智能媒体在智能家居中也得到了进一步的运用,语音交互作为人机交互的切入点,现阶段最常用的智能设备是智能音箱。随着进一步的升级换代,智能音箱将连接不同品牌不同终端的智能家居设备,形成完整的、联动的、智能的家庭媒体系统。智能媒体在基于视频的家庭安防监控中也起到了重要作用。基于5G技术和人脸识别、智能传感器等,进行智能实时监控和报警,未来可能成为家庭信息服务的重要入口。

二、智能媒体的冲击及长期风险

(一)技术异化:有违新闻伦理的算法推荐与信息茧房

信息茧房提出时并未结合智能媒体,它更多是强调群体内的信息经由群体关系过滤后,会屏蔽一部分外界信息,并强化某一主题。最终,外界认为再有用的信息也难以进入这个茧房,反之,外界认为再没用的信息也有可能在茧房里成为大新闻。信息茧房的提出,更多是用于质疑受人与人相互影响的互联网能否带来更为公开透明的网络社会。它本是一个理论假说,但在算法推荐日益普及之下,茧房不仅是由所在人群搭建的,即便脱离人群,算法推荐仍然会依据你的喜好重复推送同质内容,将你困在透明的茧房之中。

这种顾虑开始从学界蔓延到民间。知乎上曾有人提问:"你看过哪些暗黑童话?"其中的高赞回答为:一个人生活在娱乐镇上,那里的人不明事理,谁看起来是弱势的一方,谁就会得到支持。每个人都开着直播,受众看到猎奇的东西,就会喝彩和打赏。学生只想当网红,恶搞视频全网疯传却没人为被恶搞的人说一句话。镇子要获得更好的发展,需要靠着镇长拍摄恶俗的脱衣表演来获得更多的流量。

这个荒唐的小镇根本不存在,但它实际上是泛娱乐化的时代缩影。在这个"娱乐镇"上,大家追求的是娱乐化信息。所谓的个性化推送、千人千面,其实本质上并无不同。每天接收着各种娱乐信息的人们,还会依然保持着理性的思考和判断吗?同理,如果一个人在初始状态就持负面态度,那么他将会在大量负面信息中强化原有态度,无法听到多元声音,也就无法改变偏执的态度。

麦克卢汉曾发表观点"媒介是人的延伸",媒介虽能够改变人们与社会相处的方式,但始终是受控于人的。这个观点或许已经不适用于智能媒体的媒介语境。现在的机器人只能写一些简单报道，但具有深度学习能力的强人工智能会不会对大众的判断产生影响？在未来，究竟是人在控制着技术还是技术控制了人？这个顾虑的核心其实并不陌生，它是典型的技术异化。

造成困局的，恰是我们人类自身。我们创造的智能分发机制主要有两类缺陷。首先，只能发现并推送和用户兴趣相似的资源，无法找到与过去经历有所不同但还具有意义的内容，因此失去了大量潜在推荐的可能。其次，人们长时间接收大量同类型、同领域信息，学习区域完全被兴趣引导和划分。美国哈佛大学教授凯斯·桑斯坦认为，“长期只接收兴趣领域内的信息会导致公众难以接受异化观点，造成人际交流代沟，甚至形成群体极化现象”①。智能送达会消减用户跨社群交往的意愿，导致公众网络社群高度单一化、同质化。对社会议题的垂直强化，本质上也有违平衡报道的新闻价值观。

用户依赖算法进行信息的获取，被算法权力所控而不自知。媒体平台在利用算法对用户的行为进行监测并进行精准投放的同时，会造成用户与平台的信息不对称。平台知道用户的信息和各种行为数据，而用户却并不了解平台的运行机制，并且不知道自己随时被监测，这会引发信息极度不对称问题，对用户来说是不公平的。在信息收集过程中，用户“被迫”去获取平台想让用户获取的内容信息，这些“被迫”获取的信息往往都非常符合用户的兴趣点，让人上瘾，因而让用户产生依赖感。长此以往，用户会失去主动探索知识信息的想法和行动力，算法推送信息则会变成一种“精神鸦片”，蚕食着用户的思维能力，平台的用户都会变成它的“瘾君子”。

(二)赛博文化对网民认知行为的深度改变

人工智能是人的主观意识外化并延伸后的产物，它的产生和发展拓展了人类意识活动的领域，延伸和放大了人自身的意识结构。但是，机器再智慧，归根结底是对人类思维的模拟，它依赖人类的自我意识发展，也与科技

① 桑斯坦. 信息乌托邦：第 1 版[M]. 毕竟悦，译. 北京：法律出版社，2008：8.

水平息息相关。智媒场景下,人的主观意识与外化后的“机器意识”相交互,为赛博文化注入新活力。

赛博文化产生于赛博空间(Cyberspace,计算机、现代通信网络等技术构建出的人类可以在其中进行信息交换、知识交流的空间)。文化的发生与发展总与一定的传媒方式紧密相关,智能媒体应用场景的丰富改变了人们的信息交流方式,凯文·凯利在《科技想要什么》一书中曾经说过,“由于当今缺乏价值和意义,技术将代替我们做出决定,我们将听从技术。现代机器的本质比人类创造的任何东西都更密切地渗透到人的存在状态中,技术的危险在于人类存在状态的改变,技术进入到人类生存的最内在的领域,改变我们的理解、思想和意愿的方式”①。智能媒体以机器思维与人类意识交互,对事物的认知与判断的差异将因此凸显。

技术会随着人类的发展而不断进步,但人类意识与人工智能的真正含义无法画等号,它们是主体与其外化物的关系。赛博文化在智能媒体场景下保留了虚拟性、时间概念淡化和数字化等原有特点,也产生了新的内涵。随着人工智能与媒体深入融合发展,人们的现实生活与虚拟世界的活动、真实经验与人工经验将难以明确区分开来,赛博文化将与日常生活进一步交融。非智能时代的赛博文化表面上是“人—机互动”,实质上是“人—人(通过计算机)互动”,现在,在智能媒体的介入下,智能时代的赛博文化实现了真正的“人—机互动”,将媒体的信息单向传播推向互动式传播。

智媒时代的赛博文化发展给人类生活和社会进步带来的影响是深刻的,从积极的方面来看,首先,它在发布端提高了文化共享与交流的效率;其次,它在保留用户平等参与文化交流的前提下,开创了“人机交互”新形态;最后,它推动着智能与媒体产业为更好地服务于赛博文化而努力创新与进步的进程。但是,它的消极影响也不可忽视,第一,高效的信息交互方式可能造成文化更迭过快,学习与研究不得深入的现象;第二,赛博文化具有非直接接触性,长此以往易造成人与人之间的疏离感。智能媒体丰富了赛博文化新样态,而智媒场景下的赛博文化也依势表现出对人们知识学习与文

---

① 凯利.科技想要什么[M].熊祥,译.北京:中信出版社,2011:12-18.

化发展的双重影响。

赛博文化本就是一种“技术—文化”现象,随着人工智能技术的迅速发展和智能媒体应用场景的日渐丰富,我们需要倡导一种与之相适应的赛博文化,需要去探讨人与技术相辅相成的共在方式。

(三)算法社区提供组织化的动员结构

麦卡锡和扎尔德曾提出,“社会运动并不是完全因为社会矛盾加大或者社会上人们所具有的相对剥夺感或怨恨感增加,而是社会上可供社会运动发起者和参与者利用的资源大大增加了”①。通常意义上,独立国家或者重要的社会组织掌握绝大多数资源,少数群体往往势单力薄,并不具备调动规模性社会运动的资源与能力。而曼纽尔·卡斯蒂尔斯和艾伯梅卢西则指出,“新的信息技术对引发现代形式的争议与抗议起着极为重要的作用”②。与传统社会不同,网络赋权使得 Web2.0 时代的用户在一定程度上具备网络社会运动的资源。而以 5G 为代表的智能社会将进一步颠覆现有的社会动员格局,形成“算法社区—新型传媒”的动员结构,使得网络社会运动成为隐患。

连接是推动互联网不断发展进化的核心。从 1G 诞生到 4G 运行,互联网的连接主要以两种方式推进,一种是人与信息的连接,另一种是人与人的连接。而算法社区将是 5G 时代的新型社交方式。雪莉·特克尔认为,“人们尝试把交流对象当作实用性客体,只想接触对方使人有趣舒适的地方。真正有趣的交流往往是智识和价值观基本相符合的基础之上的交流”③。在腾讯 QQ 最初盛行的时候,人们对网络社交抱有无限幻想,但连接数量的提升却并未带来社交质量的提高,网络社交最终大多沦为碎片化的联系,难以建立持续性交流。实际上,正如正知书院主席吴伯凡所说的“价值观才是终

---

① MCCARTHY,ZALD. Trend of social movements in America:professionalization and resource mobilization[M]. Morristow n,N J:25General Learning Corporation,1973:48.

② 奥罗姆. 政治社会学导论:第 4 版[M]. 张华青,等译. 上海:上海世纪出版集团,2006:245.

③ 彭兰. 网络传播概论[M]. 北京:中国人民大学出版社,2012:65.

极算法"[1],长期深入的连接依旧需要价值观的彼此认同,这也是算法社交的最终趋势。

数据是智能社会运行的前提。5G 时代,用户状态将进一步数据化,"群体可能不再基于某些观察者的感知进行分类,而是通过看似模糊的算法过程进行分类"[2],利用算法技术聚集同类人。2011 年,有团队开始研发演化群体智能算法 ECI(Evolutional Collective Intelligence)。这一智能算法能动态地把价值观、兴趣、审美相近的人连接在一起。演化群体智能算法便是算法社区的前身,5G 时代数据能力将进一步被释放,更多潜在智识、认知甚至是价值观将更多地被量化,从而使得算法社区成为 5G 时代最新的网络组织形态。

4G 时代的闭合型社群主要包括两种类型。一是强社交关系兴起,如腾讯 QQ、微信平台等,在极大程度上将现实关系平移到了网络空间。二是弱社交平台如微博、知乎等,基于知识、兴趣等将具有特定关系的人群连接在一起,完成从信息匹配到关系建立这一过程。影响两类闭合型社群的因素分别是:现实的社会关系与兴趣的相似性。其共同的特点是群体归属与认同将直接影响群体关系。强社交关系基于现实生活,社会关系和社会身份几乎完全嵌入网络社会中,莫名的心理压力将在无形中约束其网络行为。从"帝吧出征"事件可以看出,弱社交平台具有形成网络社会运动的潜质,甚至微博粉丝后援会等群体也会产生打榜、反黑等组织性的行为。人们在嵌入网络的过程中,有所保留和选择地把自己的某些属性投射到网络里,以获得足够的安全感。"'悲情'和'戏谑'是我国网络事件'情感动员'中常用的两种模式。"[3]这两种情绪借由弱社交平台得到更加广泛的传播,具有极强的煽动性。此时,网络社会运动没有常态化,原因在于就网络结构而言,并非所有的弱社交平台都具有与后援会类似的较为强烈的集体认同感,大多数弱社交关系都过于松散,人人有责变成了人人无责。

---

① 朱琼华."Ta 在"撕裂信息茧房,全球脑搅动智能内容江湖[EB/OL].(2019-05-29)[2020-04-01].http://m.sohu.com/a/317354186_643517.

② TOYLOR L,FLORID L,VAN DER SLONT B. Group privacy:new challenges of date technologies[M]. Cham,Switzerland:Springer International Publishing,2017:37-66.

③ 杨国斌.悲情与戏谑:网络事件的情感动员[J].传播与社会学刊(总),2009(9):51.

5G 时代的算法社区同时兼备“强情感”与“弱连带”两种属性,具有更强的行动力。因为算法而形成的社区,其智识、兴趣的同质性更高,彼此之间构成了一个陌生人的熟悉社会。同时,网络连接本身相较现实生活而言,具有弱连接的先天特征,更利于信息的传递与情绪的传染。传统舆论资源的动员过程中,不同意见汇集后会呈现支持、中立、反对几种不同“派别”,由于网络结构过于松散,网络社会运动更多因为非直接利益者的言语而动摇。而算法社区中每个人的数据化信息在成员之间具有一定程度的可感知性,有助于形成高度组织化的动员结构,在很大程度上摆脱团体行动中“搭便车”的困境。粉丝饭圈进行打榜、反黑,甚至在武汉疫情出现后,形成强大的行动力进行募捐,很大程度上源于圈子所具有的动员能力,而算法社区则将现有圈子体系进一步化。

三、现阶段人工智能(智能媒体)治理实践

(一)现阶段的智能媒体治理实践

习近平总书记强调,“要坚持促进发展和依法管理相统一,既大力培育人工智能、物联网、下一代通信网络等新技术新应用,又积极利用法律法规和标准规范引导新技术应用。要坚持安全可控和开放创新并重,立足于开放环境维护网络安全”①。

为更好地计划与管理人工智能行业,我国政府在推进技术开发实践的同时不忘制定相关政策或规定,不断细化人工智能领域发展方法,激励科技企业积极努力建设良好健康的人工智能发展环境,努力实现国内技术资源共享,同时保障数据信息安全可控。政策与文件为整个人工智能行业画出了发展蓝图与行动路线。

---

① 习近平总书记对国家网络安全宣传周做出重要指示[EB/OL].(2019-09-16)[2020-02-13].http://www.dangjian.com/djw2016sy/djw2016sytt/201909/t20190916_5255290.shtml.

表 8-2　国家制定的人工智能政策(截至 2020 年)

时间	政策	颁布单位
2015 年 05 月	《中国制造 2025》	中华人民共和国国务院
2015 年 07 月	《国务院关于积极推进“互联网+”行动的指导意见》	中华人民共和国国务院
2016 年 03 月	《中华人民共和国国民经济和社会发展第十三个五年规划纲要》	国家发展和改革委员会
2016 年 04 月	《机器人产业发展规划(2016—2020 年)》	工业和信息化部、国家发展改革委员会、财政部
2016 年 05 月	《“互联网+”人工智能三年行动实施方案》	国家发展改革委员会、科技部、工业和信息化部、中央网信办
2016 年 07 月	《“十三五”国家科技创新规划》	中华人民共和国国务院
2016 年 09 月	《智能硬件产业创新发展专项行动(2016—2018 年)》	工业和信息化部、国家发展和改革委员会
2016 年 11 月	《“十三五”国家战略性新兴产业发展规划》	中华人民共和国国务院
2017 年 03 月	《2017 年政府工作报告》	中华人民共和国国务院
2017 年 07 月	《国务院关于印发新一代人工智能发展规划的通知》	中华人民共和国国务院
2017 年 12 月	《促进新一代人工智能产业发展三年行动计划(2018—2020 年)》	工业和信息化部
2018 年 03 月	《2018 年政府工作报告》	中华人民共和国国务院
2018 年 04 月	《高等学校人工智能创新行动计划》	中华人民共和国教育部
2018 年 11 月	《新一代人工智能产业创新重点任务揭榜工作方案》	工业和信息化部
2019 年 03 月	《2019 年政府工作报告》	中华人民共和国国务院
2019 年 03 月	《关于促进人工智能和实体经济深度融合的指导意见》	中共中央全面深化改革委员会
2019 年 06 月	《新一代人工智能治理原则——发展负责任的人工智能》	国家新一代人工智能治理专业委员会
2019 年 06 月	《国家新一代人工智能创新发展试验区建设工作指引》	科技部

总体上看,上述政策的出台为我国人工智能发展设定了基本版图,创造了良好的政策环境,为相关企业发展指明正确方向,对人工智能产业的约束

与管理效果十分显著,为技术应用的全过程保驾护航。各应用领域包括软硬件产业发展、人工智能治理和高校人工智能人才培养等均在政策文件的指导作用下稳扎稳打,持续发展。但上述法案仍然存在指向不清、责任主体不明的问题。

(二)发达国家人工智能治理借鉴

发布于2017年的《新一代人工智能发展规划》,是我国首次正式对人工智能产业进行战略部署,确立了“三步走”的目标和六大重点任务。在此之前,部分发达国家对人工智能治理已有初步探索。

2015年,日本《机器人新战略》(下简称《战略》)面世。《战略》分析了欧美与中国的机器人技术水平,提出传统机器人产业剧变为管理与发展带来挑战。不难看出,日本政府非常关注机器人产业的发展。《战略》提出建设创新基地、推广应用以及设立制度与标准三大核心目标;此外,还制定了五年计划,设立“日本机器人革命促进会”,且对具体领域如医疗等行业的机器人发展做出具体阐释。三大核心目标的主要内容包括产、官、学合作引导创新,优化机器人应用研究环境,制定机器人活动的管理制度和国际标准。《战略》的内容表明日本政府的治理思路主要是以目标激励人工智能机器人发展,再辅以五年计划,对八大产业应用领域的发展工作进行有针对性的部署,如创建基地、培育新型机器人等。《战略》的提出与施行为我国人工智能治理思路注入新血液,我国的《新一代人工智能发展规划》以目标和任务共同助力人工智能发展与治理工作,提出只有加快推进创新技术的发展,将政策落实到具体行业的具体流程中,才能更好地把握目前我国人工智能产业的优势,积极实践,持续发展。

欧美等发达国家相继出台了有关人工智能的政策,推动人工智能发展,形成自身优势。2019年2月,美国政府颁布了行政命令《美国人工智能倡议》(*American AI Initiative*,下简称《倡议》),从基础优先、资源共享、标准规范、人才培养、国际合作等多个领域规划了美国未来一段时间的人工智能发展方向。《倡议》将高度提炼型战略与具体实操指导相结合,如对于建立人工智能技术方向的人才培养机制,《倡议》提出美国各相关机构需优先考虑人工智能专业人才的奖学金和培养计划，力求以学徒制、技能计划或奖学金奖励的方式激励人才，保障美国人工智能技术领域的后备人才源源不断。我国在人工智能领域人才培养方面已有探索，基于我国基本国情，促进高等教育阶段人工智能相关专业建设，以奖学金、就业激励等方式推进科技专业人才的培养与发展工作也已初见成效。

2019 年 4 月，欧盟委员会发布《欧盟人工智能伦理准则》，倡导将伦理和法律纳入人工智能算法设计中，以提升人类对人工智能产业的信任。《欧盟人工智能伦理准则》（下简称《准则》）中确立了三项基本原则：AI 应当符合法律规定；AI 应当满足伦理原则；AI 应当具有可靠性。《准则》中还进一步提出“可信任 AI”应满足可靠性和安全性、隐私和数据治理、透明度、可追责性等七项关键要求。欧盟委员会于内部先有针对性地开启试点工作，以获得实际反馈，再逐步完善各项举措，确保《准则》顺利实施。可以看出，欧盟委员会更加注重人工智能风险防控领域规则的建立，“三项基本原则”针对人工智能技术特点与漏洞影响分析而得，“七项关键要求”是对人工智能技术进行限制性管理的有效方式。欧盟委员会从人工智能的技术本质出发，根据技术缺陷定位设计环节上的漏洞，再以规则和法律对技术风险进行约束与防控，使其治理更具针对性。“中国除了在可供人工智能训练的数据方面占有优势，在基础研究、核心技术、科技人才、伦理法规、企业创新与国际合作环境等方面与世界领先水平还是具有较大差距的。”①我国应深刻认识到人工智能产业的自身优势与差距，以技术风险反推防控规则，制定体系内容，坚持优化算法设计，完善算法约束制度体系，以制度管理的手段降低人工智能的风险，提升服务水平。

对于算法的规制，美国政府制定了算法标准，设立了法律规范，注重算法的透明化和问责机制的建设。2017 年，美国纽约市议会通过《算法问责机制》，提出成立一个由专家和公民参与的工作组，负责监管市政机构作业，保证算法公平决策，保留问责渠道，提升政府事务算法使用的透明度。2019 年

① 曾坚朋，张双志，张龙鹏. 中美人工智能政策体系的比较研究：基于政策主体、工具与目标的分析框架[J]. 电子政务，2019(6)：13-22.

4月19日美国众议院通过的提案《2019年算法问责法》，旨在解决算法偏见问题。美国政府通过立法管理算法的方式简捷有力，依据技术的特殊性，成立工作组，完成监督与问责工作，高效的同时具备相对的公平性。

还可参考新加坡对于智能化媒体的治理措施。新加坡强调媒体治理的重要性，着重发展数字内容产业。新加坡通讯及信息部下属的咨询通讯媒体发展局专设办事处，监督科技公司对政策的落实情况，为政府提供应对虚假信息的咨询等。

四、“弱人工智能阶段”的监管漏洞及对策

《人工智能安全与法治导则(2019)》提出，当前我们所处即弱人工智能时代，人工智能产品本身不具备独立的法律主体责任，其定位是“工具”，因此，应由程序的开发人员、管理人员、运营人员以及用户共同承担问题责任。将该定义映射至智能媒体，智能媒体软件程序来源于科技企业，一旦程序运行或算法结果导致媒介伦理失范问题，由于程序思维是设计者意识的外化，真正的责任就应该由程序的设计团队、开发公司等来承担，主要的监管责任主体即可指向科技企业与传媒机构。

智能媒体正在改变网络空间，为了使措施不滞后于问题，也为了减少智媒时代下网络空间舆论所产生的消极效应，应将智能媒体治理提升至与互联网科技创新发展同等的地位。一边发展一边治理，在保证科技进步、享受便捷的同时，主流价值观得以弘扬，社会秩序得以遵守与完善。

这就要求立法部门细分智媒领域法律问题，提升政策针对性，规范科技企业和媒体机构的发展。在此之前，我国出台的相关政策规定多呈现出对人工智能发展大方向的引导作用，而对智能媒体应用场景中可能出现的失范问题的针对性、约束力不足。

(一)推动赛博文化中的意识形态创新建设

首先，不能忽视民间智能媒体应用中的舆论引导及相关意识形态的建设问题。有关部门需要与时俱进，适应人与人工智能协同工作发展的时代

新需求，创新人工智能时代的意识形态工作体制，将意识形态建设始终贯穿于人工智能发展的全过程。基于人工智能在媒体领域的多种应用场景，如媒体机器人、算法智能分发等，我国在意识形态建设领域应加大创新，依据智能媒体技术特色改进宣传方式，同时也需要积极配合智能媒体时代赛博文化对网络话语形态的改变，从内容和传播方式两方面共同创新建设。此外，弱人工智能目前所对应的客观知识与人类智能所代表的主观智慧存在差异，赛博空间的网络话语交锋可能更激烈，意识形态创新建设既要守住信仰阵地，也要创新技术监管机制，管控并净化不良舆论。

其次，开发创造性应用，拓展主流媒体对人工智能技术的适应性利用场景。智能媒体具有一定闭合性特征，容易将用户留在一定的赛博空间之中。主流媒体在主旋律宣传方面应看到并重视人工智能在信息生产与传播方面的优势，对于智能媒体产品始终持接纳和积极应用的态度，依据自身媒介特点主动开发智媒创造性新应用，如开发官方媒体机器人，开展主旋律消息的生产与传播工作；利用算法分析技术完善政策出台机制；通过程序监管赛博空间舆论场，以提升主流媒体对舆情的引导和处理能力等。对于意识形态建设，无论是从政策完善角度，还是在时政新闻实际编发流程、舆情监管等方方面面，都应该为适应人工智能媒体技术而积极创新。这是意识形态建设随媒介形态变化而进步的必经之路，如从纸媒到网媒、从平台到移动终端、从非智能化新闻编发到智能化信息生产与传播，都要求我们积极尝试，努力探索，逐渐找到主流媒体与人工智能高度适配的治理方式，提升其在主旋律宣传和反馈方面的水平。

（二）加强智能媒体的平衡呈现，避免信息环境失衡

有关部门需深刻认识信息茧房的潜在风险，特别是在涉及价值观、方法论等具有能动性的信息领域，需要改进智能媒体分发过程的偏好设定，调整个性化推送与其他推送的比例，优化算法推荐机制，注意平衡报道，从源头降低产生信息茧房的风险，避免舆情事件及长期影响下的群体极化现象。

智能媒体应用至今，大量互联网企业已经尝到个性化推送的甜头，大数据时刻搜集用户偏好苗头，评论、点赞或转发已经不足以反映用户偏好，甚

至对某一内容的停留时长都被写入用户个人偏好数据库,从而生成偏好指向,供智能分发作依据。智能分发一直保持着百分百依赖个人偏好数据库的模式,在初始阶段,这种模式是新奇的,但随着大量同类却质量参差不齐的信息产品的轮番轰炸,社会透明度会被降低。

目前来看,用户暂时无法自行选择接收哪些内容的分发,但技术企业拥有此项权利,因此技术企业需要推动技术开发进程,优化算法推荐机制,在分发比例上多做全面考虑,保留部分个性化推送,提升大众优质内容的推送比例,努力实现平衡报道,既利用算法、数据分析满足用户偏好需求,又能保障分发内容不因个性化推送而产生信息孤岛,致使信息环境失衡。智能化算法技术应对社会群体的认知偏好起正向引导作用,平衡呈现各类内容,丰富用户体验,保障人们既可获得个性化需求满足,又不缺少对社会公共性知识内容的输入,提升服务水平,优化用户体验。

(三)建立智能媒体伦理审查机制,加强风险把控

近几年,弱人工智能开始向强人工智能过渡,智能媒体的媒介伦理急需规则和标准来保证其有序发展。关于程序失范、信息泄露等问题的可观可控,立法部门可从问题入手,回溯程序源头,确认责任主体,完善智媒用户隐私权保护规定,细分问题领域,逐一解决。

首先,规范智能媒体的行为指引。智能媒体伦理审查机制应由规则立法和技术监管共同组成,对人工智能产品的行为起指引与约束作用。据《每日邮报》报道,亚马逊 Echo 智能音箱 Alexa 在运行过程中出现媒介伦理失范行为,如"发出奇怪的笑声"或"向用户传递不当言论""给出可能产生极端后果的建议"等。

对于人工智能在媒体应用场景下的行为指引,首先需要有具体的针对智能媒体行为的约束规范,如以法律条文规定应用于机器人与人类交互的人工智能技术的语言机制如何工作,防止程序在生产信息的过程中出现上述类似的伦理失范问题。或针对人工智能产品的缺陷回溯程序,查找真正问题,并写入立法或规定,从源头对智能媒体的行为予以引导与约束。另外,审查管控应在智能媒体运行的过程中发挥作用,以开发新技术完成监管

任务，一旦识别到智能媒体失范行为，即刻作出暂停传播或修正程序的反应，降低传播不当信息的风险，把控智能媒体行为。

其次，提高智能媒体的信息准确性。人工智能的大量应用场景中，信息是否准确应该成为智能媒体伦理审核的一个评判标准，特别是在人机互动中。目前，智能媒体尚未建立分级制度，各年龄段的人均可接触到智能媒体应用。国外已有案例，在智能媒体的人机互动中，智能媒体给出了误导性信息，险些导致使用智能媒体的儿童出现危险后果。而且，即便是在日常服务信息中，例如医疗、法务等咨询也存在风险系数。现阶段的智能媒体应用着重突出人性特征，但在给出信息的时候并不给出应有的风险提示。而提高智能媒体的信息准确性，不能简单依靠企业自觉，或者完全信任程序适用范围，仍需进一步出台相关政策，排除潜在风险。

（四）用新技术治理新技术：加强对智能化谣言及负面信息的甄别

人民网发布的《人民网深度融合发展三年规划（纲要）》提出：发力内容运营、内容风控、内容聚发等新业务，研发基于人工智能的“风控大脑”——运用大数据与新一代人工智能技术，监控并审核已发布的内容。另外，百度利用人工智能技术清理网络有害信息，仅 2019 年上半年，就完成了清理 312 亿余条有害图片、文字、视频、音频的工作，几乎等于上半年机构清理有害信息的总量。

据《科技日报》报道，阿里 AI 语音反垃圾服务于 2018 年上线公测，通过声纹识别技术，辨别网上语音中的涉黄、广告等违规信息，再向公安机关举报，实现了技术性精准打击，履行了科技企业的监管治理责任。人工智能技术目前已初步实现语义识别、图像识别和智能纠错等功能，将该类技术运用于内容审核工具中，既可以降低人工审核的负担和成本，也能提高监审效率和准确性。以技术实现对网络空间智能媒体信息内容的监控与识别，更易发现程序漏洞并及时处理完善。

实践已经证明，人工智能与媒体的结合能够用新技术治理新技术，用新办法解决新问题。有关部门可考虑下发关于 5G 与 AI 联合开展辟谣工作的规划文件，鼓励科技企业主打“技术创新，机器监管”理念，开发新技术，筛查有害信息，助力媒体加强智能化谣言及负面信息甄别能力建设。

第九章　5G 背景下区块链推动国家治理能力现代化

本章摘要

本章从区块链的特征入手，结合习近平总书记的战略指导，探究其在推动国家治理能力现代化过程中的实际应用。区块链去中心化、溯源、安全等优势可帮助国家解决社会信用体系建设中个人征信采集、信用平台建设、成立互联网法院惩戒失信行为等问题，帮助技术部门突破社会信用体系建设中的技术瓶颈。同时，区块链在传媒行业中的应用场景也不断拓展，协助解决了知识产权管理、舆情监控和融媒体建设等现实难题。区块链作为新时代的新兴技术之一，在改进国家治理体系和治理能力现代化等方面有着广阔的前景。

习近平在中央政治局第十八次集体学习时强调，把区块链作为核心技术自主创新重要突破口，加快推动区块链技术和产业创新发展。“区块链技术应用已延伸到数字金融、物联网、智能制造、供应链管理、数字资产交易等多个领域。目前，全球主要国家都在加快布局区块链技术发展。我国在区块链领域拥有良好基础，要加快推动区块链技术和产业创新发展，积极推进区块链和经济社会融合发展。"①"要抓住区块链技术融合、功能拓展、产业细分的契机,发挥区块链在促进数据共享、优化业务流程、降低运营成本、提升协同效率、建设可信体系等方面的作用。"②此外,习近平总书记在关于数据管理的讲话中多次指出了数据管理的重要性,要"统筹规划政务数据资源和社会数据资源"③。数据的科学管理和创造性应用是提升网络空间治理的重要环节。区块链作为新的数据存储模式,给网络空间治理带来了新的可作为空间。

一、5G 时代区块链的发展空间

(一)5G 为区块链的运行提供保障

在数据处理方面,区块链的参与节点以 P2P 分布式模式取代了传统分布式数据库的中心化主从结构,通过建立复制式的账本,确保每一个区块都能掌握全局账本,从而实现数据的去中心化。随着网络技术的不断升级,区块链也迎来了一波井喷式的发展。根据工信部信息中心发布的《2018 年中国区块链产业发展白皮书》,中国区块链行业正在明显加速发展:"截止到 2018 年 3 月底,我国以区块链业务为主营业务的区块链公司数量达 456 家,从上游的硬件制造、平台服务、安全服务,到下游的产业技术应用服务,到保障产业发展的行业投融资、媒体、人才服务,各领域的公司已经基本完备。"④

如果说 4G 时代让区块链走入大众的视野,5G 的来临则确保了区块链的平稳运行并与各行各业交织融合,其优势填补了区块链的技术缺陷。高速网络提高了区块链数据处理速度,超大的容量提升了区块链的数据吞吐量,5G 让区块链的优势得以充分发挥。

---

①② 2019 年 10 月 24 日,习近平总书记在中共中央政治局就区块链技术发展现状和趋势进行第十八次集体学习时的讲话。

③ 2017 年 12 月 8 日,习近平总书记在十九届中央政治局第二次集体学习时的讲话。

④ 苏汉. 工信部发布《2018 年中国区块链产业发展白皮书》[J]. 中国汽配市场,2018(2):15.

(二)区块链为 5G 时代提供新的治理手段

区块链和 5G 是相辅相成的。5G 改变了信息、网络和社会的现有生态。新时代网络主体扩容和层级融合让互联网成为生活展开的基础,社会交往也由传统的“人—人”向“物—物”转变。更加扁平化的主体监管和交织的层级都对治理模式提出了挑战。

区块链技术的成熟将协助解决 5G 带来的海量数据库、复杂的数据计算、高难度的数据安全防护等难题。以区块链为底层技术搭建社会信用体系,可对扁平化的主体对象进行行为监督,让线上行为也有迹可循。一方面社会信用体系在协助常规网络空间治理的同时也规范了用户在智能社区和物联网中“人—物”的使用行为。另一方面,区块链的跨链溯源和共识机制也让层级间的数据流动和交换更加便利。数据管理打破了原有治理模式下的信息孤岛和固有层级,让网信办、工信部等部门的监管有迹可循。

基于上述两点,“区块链+”在 5G 时代有了更多的应用场景。如“江苏常州市与阿里健康合作推动‘医联体+区块链’试点项目,借助区块链技术中密码学算法更好地保护病人隐私,大幅改善医疗质量和医疗管理模式;京东平台利用区块链溯源技术自主研发商品防伪技术‘智臻链’”[①]。“沃尔玛在 2019 年 8 月 1 日公布了此前申请的名为‘使用区块链克隆无人机’的专利,旨在以区块链技术保障无人机包裹递送系统的数据完整和安全。”[②]

区块链和 5G 的协同发展为我国更新国家治理体系、提升现代化治理能力提供了技术路径,大力发展区块链底层技术和实际应用场景是迈入新 5G 时代网络空间治理的重要一步。

二、社会信用体系建设与网络空间治理

在人类文明产生之初,信用是先于法律,作为儒家礼教“五常”之一出现

---

① 中国区块链生态联盟,青岛市崂山区人民政府,赛迪(青岛)区块链研究院. 2018—2019 年中国区块链发展年度报告(下)[N]. 中国计算机报,2019-06-17(008).

② RANA T,SHANKAR A,SULTAN M K,et al. An intelligent approach for UAV and drone privacy security using blockchain methodology[C]. 2019 9th International Conference on Cloud Computing, Data Science&,Engineering(Confluence). Noida,India,2019:162-167.

的。在自给自足的小农经济时期，信用代替法律，建构着基于亲情网络的社会秩序。然而，随着部落的兼并、朝代的更替、人类社会的不断发展，社会交往的外延也在不断扩大。当原有的信用守则不再能约束公民的道德行为，法律替代信用成为社会行为规则，弥补了道德的缺失。

现代社会信用体系是由"信用法规、信用监管、信用评级、失信惩戒、信用文化和社会主体行为的诚信规范等多方面共同作用、相互促进、交织形成的一种社会运行机制和综合管理体系"①。根据现有社会信用体系较为完整的发达国家的经验，社会信用体系是稳固社会秩序、保障社会经济运行、提高国家治理能力的重要基础。5G时代，以区块链为底层技术的社会信用体系与网络空间治理有着极高的适配性（见图9-1）。

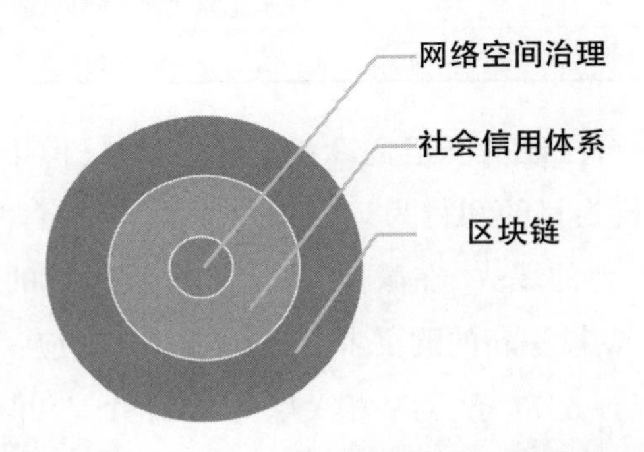

图9-1　区块链、社会信用体系、网络空间治理三者关系示意图

（一）5G时代网络空间治理下社会信用体系建设的必要性

随着信用评价更加便捷高效，信用价值在互联网得以体现。

现有的互联网平台主要通过事前审查、事中监督、事后处理这三种方式参与互联网治理。虽然平台作为互联网行为发生的直接场所，处理问题更加及时，但是事前审查的信息不全面、事中监督的高成本和事后处理较轻的惩处手段都让平台的自治性大打折扣。社会信用体系可以有效帮助互联网解决这三个阶段的治理问题。

① 吴维海，张晓丽．大国信用：全球视野的中国社会信用体系［M］．北京：中国计划出版社，2017：49.

1. 提高事前审查信息完整度

目前互联网平台在进行用户准入审核时更多依赖手机号、邮箱或 ID 账号作为绑定信息。经过调查，本书列举了 9 个热门互联网平台的注册方式(见表 9-1)，涵盖社交媒体、短视频、电子商务、共享经济和游戏五大门类。通过表 9-1 可以看出，手机号绑定覆盖了全部平台，一部分平台也支持电子邮箱注册，少数平台可以通过账号直接登录。

表 9-1 九大互联网平台注册方式

	微信	微博	知乎	抖音	快手	淘宝	爱彼迎	滴滴出行	王者荣耀
手机号	✓	✓	✓	✓	✓	✓	✓	✓	✓
邮箱	✓	✓	✓		✓	✓	✓		
账号	✓					✓			

虽然互联网平台已经从严至宽设置了准入门槛，但手机号和邮箱覆盖的用户行为路径、行为目的和行为记录是片面的，且平台间缺乏信息交换。随着抖音短视频平台的爆火，在微博、淘宝上贩卖假货的不良商家故伎重施，纷纷涌入新平台，欺骗新的购买者。据抖音官方回应："自 2019 年以来，已下架相关违规视频 6577 条，封禁相关账号 4021 个。"①但是迫于公司估值压力和审核难点，抖音"打假"行动收效甚微。

社会信用体系正是规避诸如此类频繁发生的失信行为的约束手段。通过记录市场主体信用行为，建立失信记录档案，可以从源头阻拦失信用户的进入。信用数据上至网络在线行为，下至公民现实生活，全面的信用评估信息提高了互联网准入门槛，也协助平台更准确地执行事前审查。

2. 扩大事中监督巡查队伍

"目前我国网民规模达 8.54 亿，互联网普及率 61.2%。"②8.54 亿个节点构成了庞大、复杂的网络空间，对网络监管手段提出了挑战。以快手为

① 抖音处理高仿类违规内容：封号 4021 个，下架视频 6577 条[EB/OL].(2019-03-27)[2019-12-17]. https://baijiahao.baidu.com/s?id=1629139562362688164&wfr=spider&for=pc.

② 于朝晖. CNNIC 发布第 44 次《中国互联网络发展状况统计报告》[J]. 网信军民融合，2019(9)：30-31.

例，QuestMobile TRUTH 中国移动互联网数据库调查显示，“2019 年春节，快手的 DAU（日活跃用户数量）峰值达 2.136 亿”①。在暴增的日活人数的对比下，快手团队数千人的审核队伍显得微不足道。再加上快手的用户群体大部分来自二线以下城市（见图 9-2），未成年妈妈直播怀孕过程，吃播博主咀嚼人参、猪头等猎奇内容使得快手一时间成为低俗、色情、虚假内容的聚集地。

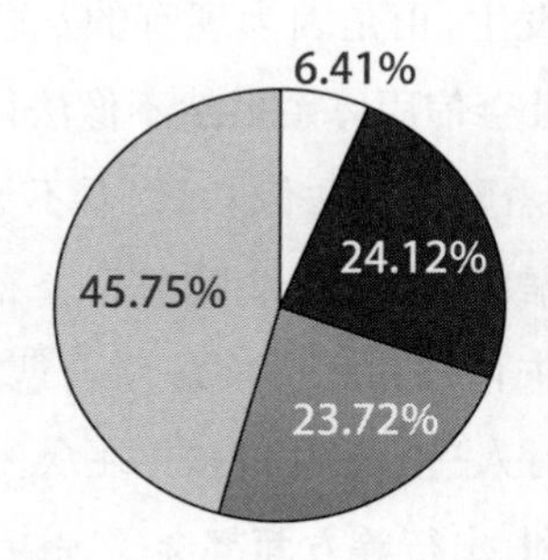

图 9-2　快手 App 用户城市等级分布（数据来源：极光大数据）

为应对如此庞大的创作群体和日活人数，社会信用体系可以为主播建立信用档案，对其进行分级分类监管，同时设置信用最低值，当实时信用值低于最低信用值时，主播账号直接封停。利用信用数据进行网络监管，一是可以节约机器、人工的投入成本；二是可以发动网民自发加入巡查队伍，杜绝举报无效、举报无门、举报无力的现象。

3. 加大事后处理惩戒力度

目前互联网对于网络失信行为的处理方式多以封号为处罚上限。但根据表 9-1 中互联网平台注册方式，多种类的注册渠道意味着同一个人可以同时申请多个网络账号。例如微博网红“papi 酱”就同时管辖三个账号：“papi 酱”“徐汇一只猹”和“papi 家的大小咪”。账号获取的便利性让“封号”的惩

① QUESTMOBILE. QuestMobile 2019 春节大报告[EB/OL].（2019-02-26）[2019-12-19]. https://www.questmobile.com.cn/research/report-new/15.

戒约束力减弱,甚至成为失信者投机的手段。

以滴滴出行逃单现象为例。滴滴出行采用下车支付的付款方式,并在司机接单前保护用户个人隐私,但滴滴出行用户优先的服务意识反而为逃单行为提供了便利。虽然乘客逃单后会被拉入滴滴 App 黑名单,但账号的自由更换让失信者毫不畏惧,甚至在类似"小号网"的网站上还可以无限购买到新的账号。

诸如此类失信事件的发生,正是因为现有的互联网平台的惩戒手段对失信人无法产生警戒效果。社会信用体系虽然不像法律法规一样硬性规定公民的线上行为,但其硬规定软着陆的做法像一双"看不见的手",让网民的网络行为与现实生活相关联。根据《最高人民法院关于公布失信被执行人名单信息的若干规定》以及《关于对失信被执行人实施联合惩戒的合作备忘录》,"法院执行部门可以对失信被执行人进行信用惩戒。在众多部门的联动下,失信人在金融活动、高消费、社会福利、出行等方面都会受到诸多限制"①。

守信者受益、失信者受限,社会信用体系以信用为矛,向治理对象宣告"网络行为,现实买单"。

目前我国信用体系建设已经取得了一定成效。国务院于 2014 年印发了《社会信用体系建设规划纲要(2014—2020)》,明确了政务、商务、社会、司法等重要领域的多项具体任务。有关部门积极探索提高信用的形式和手段。结合信用中国网站推送的《国家公共信用信息中心发布月份新增失信联合惩戒对象公示及公告情况说明》②2018 年 5 月首期报告和 2019 年 9 月报告(见表 9-2),可以发现国家信用信息平台纳入的失信类型范围更广,对失信人员的惩戒力度更大,失信名单的退出数量与新增数量的占比由 2018 年 5 月的 51.04%增加至 2019 年 9 月的 58.11%。

由此可见,以加强信用监管为着力点,创新网络监管理念、监管制度和监管方式是提升监管能力和水平、规范网络行为、净化网络空间的有效途径。

---

① 袁胜. 互联网重构社会信用体系[J]. 中国信息安全,2018(2):54-55.

② 信用中国. 国家公共信用信息中心发布月份新增失信联合惩戒对象公示及公告情况说明[EB/OL]. (2019-10-11)[2019-12-13]. https://www.creditchina.gov.cn/.

除此之外,随着互联网行业的融合和多治理主体的出现,不断变化的网络空间增加了我国政府制定管控政策和进行权责划分的难度。不同于“九龙治水”治理模式下分业分源头的线性治理,新时代错综复杂的终端和平台要求政府必须摸索出一套灵活且适配性强的治理方法。

表 9-2　《国家公共信用信息中心发布月份新增失信联合惩戒对象公示及公告情况说明》(2018 年 5 月、2019 年 9 月)

	2018 年 5 月		2019 年 9 月	
黑名单类型	新增数量	退出数量	新增数量	退出数量
失信被执行人	218,013	122,893	317,383	172,884
工商吊销企业	28,909	3,863	8,241	17,163
海关失信企业	119	31	340	19
重大税收违法案件当事人	1,349	3	2,062	810
大数据失信黑名单	27	0		
涉金融领域黑名单			400	
安全生产黑名单			90	33
合计	248,417	126,790	328,516	190,909

信用体系的监督对象不仅是个人,也是企业、平台。放开的信用平台不仅可以从内部完成企业自身监督,也为行业、政府的外部监督提供了便利。建立完善的信用体系和信用评判标准,巩固治理源和治理库,可以确保相关制度、法案落实情况更加高效。正如习近平总书记所说:“制度的生命力在于执行。要强化制度执行力,加强制度执行监督,切实把我国制度优势转化为治理效能。”①

(二)社会信用体系建设存在的问题

相对于美、英、日等社会信用体系相对完善的发达国家而言,我国社会

① 李庆刚,制度的生命力在于执行[EB/OL].(2020-05-20)[2020-05-23].http://www.qstheory.cn/dukan/hqwg/2020-05/20/C_1126005220.htm.

信用体系面临起步较晚、数据庞大等现实困境。自《社会信用体系建设规划纲要(2014—2020)》发布以来,经过多方信用收集主体的共同努力,我国社会信用体系建设形成了一定的规模,在促进金融业稳固发展方面取得了显著成效,但距离建设服务全社会的信用体系还存在一些缺陷和不足。

1. 征信体系不健全,缺乏可信度高的评判标准

首先,我国现有的征信体系主要依赖银行征信系统,截至 2019 年最新数据,已有 9.9 亿自然人建立了信用档案,成为全球规模最大的征信系统。从表 9-2 我们可以看到,在失信惩戒类别中,我国重点惩治工商、海关、税收等线下活动行为,还未全面涉及网络空间的线上行为。一方面,针对知识产权侵权、网络电商恶意刷单等网络失信行为并未制定相关惩戒标准,导致“线下好公民,线上假面人”的情况出现。另一方面,由于中国社会的复杂性,在制定失信行为判定标准之时,制度的严谨性和固化性使得失信系统在判定失信行为时不能做到具体情况具体分析。面对正在进行的破产企业工资补偿等复杂失信案例时,会出现由于缺乏有效追踪溯源技术而判定失误的情况。

其次,以芝麻信用为代表的互联网征信机构借助阿里云、蚂蚁金服为技术、平台支撑,对用户互联网行为进行征信评估,并通过信用等级对信用主体进行划分。虽然芝麻信用等互联网征信机构在征信覆盖面上弥补了央行线上信用征集的不足,但也存在着“过度依赖淘气值信息、忽视收入和职业信息、基础信息全面性和真实性不足等问题”①。

权威公正的信用评价标准是构建社会信用体系的基石,这在复杂开放的网络空间显得尤为重要。

2. 信用评级机构繁杂,阻碍市场经济平稳运行

信用评级市场主体包括以美国为代表的完全市场化的营利性信用评级机构,法、德为首的政府公共管理式信用评级机构,以及日本基于会员制展开的行业协会服务机构。

---

① 张岩,王晖,李宛娴,王欣妍. 互联网信用评分机制的潜在缺陷与改进思路:基于“芝麻信用”的调查研究[J]. 金融监管研究,2017(9):48-65.

我国信用评级机构大多为公共信用评级机构且行业起步晚。中国第一家全国性信用评级公司“中诚信国际信用评级有限责任公司”(以下简称中诚信),在 1992 年由中国人民银行总行批准成立。而国际的信用评级机构,如穆迪公司、惠誉国际分别于 1913、1924 年引入信用评级业务,领先中国数十年。

在信用评级市场产生之初,最先涌入市场的行业机构率先掌握了市场资源,形成了一家独大的垄断局面。以中诚信为例,作为国内规模最大、全球第四大的评级机构,始终保持资本市场评级业务综合市场份额第一名,且拥有 700 余人的高素质团队,员工 80%以上具有硕士以上学历。

与中诚信等第一批评级机构相比,随后进入市场的评级机构瓜分剩余信用信息。由于得不到优质有效的数据库,数据分析能力和数据防护能力不到位,出现了信用数据误差、个人信用数据泄漏等问题。“2014 年成立的考拉征信于 2019 年被爆出非法提供查询返照 9800 余万次,获利 3800 余万,在公司服务器中查获并收缴被非法获取、存储的公民姓名、身份证号、相片近 1 亿条。经此事件后,考拉征信母公司卡拉卡股票跌停,市值跌损 20 亿元。”①

市场化信用评级模式的本意是在市场利益驱使下,形成行业间良性竞争,从而促进信用评级行业不断完善。但是市场资源分配不均,使得市场无法发挥其多方共治、多方共享的治理模式,导致共享经济等依托信用发展的产业的运行成本提升且发展受阻,进而延缓社会经济发展进程。

3. 封闭式监管体制导致信用信息不对称

中国在网络空间监管上产生的主要矛盾,在于互联网飞速发展带来的海量信息与中国互联网监管体制建设进程间的不匹配。

首先,以信用评级机构主体性质划分,以央行为代表的政府主体,与以芝麻信用为代表的市场主体间信用信息割裂,导致对征信主体线上线下的信用评定是割裂的,无法形成完整的信用报告。“市场化个人征信机构虽可

---

① 每日经济新闻. 1 亿条个人信息遭泄漏,涉案公司与 5 家上市公司有关[EB/OL]. (2019-11-20)[2019-12-17]. https://baijiahao. baidu. com/s? id=1650724826007044700&wfr=spider&for=pc.

以通过银行等金融机构合作,间接进入个人信用信息市场,但不能直接发布有关个人信用报告,要获得个人信用报告,必须通过中国人民银行的信用信息系统。”①这就导致依托于市场征信机构的互联网行业无法对其用户实现有限监管和个体追责。

其次,以各信用评级机构组成要素划分,也存在主体组成要素间信息不对称的问题。除了上文已经提到的市场信用评级机构间的信息资源分配问题,由于区域间发展的不平衡性、部门间政务的私密性,我国政府监管也一直存在信息共享问题。

信用评级机构主体间的隔断,让个人的信用信息报告在宽度上无法实现全面共联。主要要素间的屏障使得个人信用评估停留在浅层现象上,无法实现深度的追溯。互联网还在发展的路上不断前行,网络信用信息监管任重而道远。

现代中国社会依旧面临着由于线上交往而产生的信用失控的问题。无论是因庞大信用数据导致的征信体系评判标准制定的困难,还是信用评级行业与共享经济发展的矛盾,又或者是网络参与主体日益增长的主体赋权需求与监管的冲突,都是由于缺少相应的法律保障才导致了社会信用的失控。唐伟森认为,“当代法治社会下,法律手段无疑是弥补道德手段失范的最佳选择,一方面它可以保证信用在现实中得到遵守;另一方面也可以保持信用的道德内核,与广大民众传统的道德观相融合”②。

三、区块链在社会信用体系建设中的应用

基于上述社会信用体系在网络空间治理中的必要性和体系建设过程中遇到的问题,本节将具体阐述区块链特征与社会信用体系建设的适配性,并从个体、行业和政府三个独立又相关联的治理主体入手,以法律法规作为制度保障,浅析“区块链+社会信用体系” 如何实现“信息收集—信息分析—失信惩戒—主体监督”的治理闭环。

---

① 彭麟添.区块链技术应用于个人征信制度研究[J].征信,2019,37(12):48-53.

② 唐伟森.信用法律保障的理论考据[J].法制与经济,2017(8):9-12.

(一)建立社会信用链,完善个人征信信息,达成社会共信

“在互联网发展迅速、信息体积增加、速度增快的情况下,人们的联系更为分散,对信息真实的信任度下降。区块链技术正是在这样一个‘去信任’的环境中构造一种新的信任机制和交易规则。”①其中以“拜占庭将军”问题(即如何让众多完全平等的节点针对某一状态达成共识)为基础形成的共识机制采用P2P网络让每一个数据节点(即个人)成为区块链上的记账节点,这种去中心化的记账模式在参与节点中形成“算法共识”。相较于依托中央控制和协调的“人的共识”,后者通过算法在群体决策中形成“机器共识”。这种替代感性人格的理性算法在收集信用信息、划分信用等级、制定失信惩戒措施中更具说服力。

除了在群众间广泛建立节点,组成分布式账本,在区块数据写入、区块与区块间串联方式上,区块链特有的数字签名和哈希值验证形成其坚固的加密安全机制,任意一节点篡改数据都需要获得链上所有节点的确认。这一安全机制确保了链上任一单一节点信息的安全性,且节点越多,安全性越高。以央行最新收录数据为例,9.9亿自然人的信用信息一旦连接成链,试图篡改和窃取链上信息的入侵者要付出的算力几乎是不可能实现的。芝麻信用也于2017年开展与主攻区块链技术的公信宝数据交易所的合作,保证数据传输过程的安全。区块链在保障了用户信用信息安全的同时也巩固了其数据的权威性。

区块链特有的性质,让互联网复杂交织的特征由监管难题转化成强有力的监管手段。正是庞大的用户群体确保了征信体系的公正权威,密集的节点巩固了信用链的安全。随着区块链技术的普及应用,政府可以依靠现有数据库建立链上信用系统。以节点为单位收集个人信用信息,以政府和机构为单位形成部门间、行业间的信用区块,以共识算法为基础建立个人信用代码,确保信用体系建设上的每一环都在链上进行,实现了信息公开公正,形成社会共信。另外,区块链的“去中心化”和“共享”特征对信用链上的

① 任仲文. 区块链领导干部读本[J]. 人民法治,2019(23):104.

每一个参与节点进行“主权赋能”。信用链上的每一个节点既是信用录入者,也是信用监督者。这一双重身份有利于促使社会成员自觉履行公民义务,形成守信守义的社会大环境。

(二)明确信用机构和政府的治理角色,自动更新治理手段

“去中心化”是区块链的核心,也是解决信用机构发展不平衡,实现行业转型的关键。“区块链本质上是一种多方参与、共同维护的分布式数据库,所有参与节点均可以存储数据。”①当作为竞争优势的数据不再稀有,行业的注意力得以向业务能力转移。

大、小信用机构从原有的数据占有转为数据分析、维护。为了以更精准的分析报告提高自身竞争优势,行业要主动加入区块链底层技术的研发,提高其数据吞吐量和分析能力;同时,不断精进数据安全维护技术,保障机构的分析成果不被窃取。与此同时,在行业竞争的驱逐下,利益又帮助行业中的机构自动划分职能,向行业征信、信用评级、商账追收、信用管理等领域分散。市场规律的优胜劣汰终于走向良性循环。

政府治理方面,目前政府担任的职能既未完全市场化,也不符合政府公共管理的模式。面对现实社会和高阶网络的复杂性,政府应当承担的是制定惩戒制度、监督行业运行和建设自身信用的职能。“赋予社会信用体系权威影响力,使其成为不依赖于政府权威的社会权威。”②基于政府权威建成的社会信用体系只是公民“不敢”失信营造出的信用假象,只有依托区块链技术客观理性的共识算法才能实现社会成员“不愿”“不想”失信的信用社会。同时,政府在转变角色职能的过程中更重要的是树立自身信用形象,在制定惩戒制度、对信用链进行监督的同时,也要推动政务信息上链,主动将透明、公开的政务信息提供给社会监督。

---

① 于戈,聂铁铮,李晓华,张岩峰,申德荣,鲍玉斌. 区块链系统中的分布式数据管理技术:挑战与展望[J/OL]. 计算机学报,2019-01-27[2019-12-12]. http://kns.cnki.net/kcms/detail/11.1826.tp.20191029.1604.004.html.

② 张卫,成婧. 协同治理:中国社会信用体系建设的模式选择[J]. 南京社会科学,2012(11):86-90.

（三）依托联盟链解决数据归属问题，搭建共享信用信息平台

溯源，是解决事件纠纷、实现失信追责的关键。我国信用体系溯源难点在于：事件复杂，责任判定困难；监管平台封闭，信息调取困难。以近几年频发的食品安全问题为例，不仅食品生产环节反复，制作过程也涉及多程序，流通渠道更是遍布全国。要对一例产品安全进行追责，就要联动各级工商、农商部门，追责难度可想而知。区块链技术的出现将会对信用体系中落后的追责技术带来颠覆性的改变。

首先是区块链中的工作量证明机制（Pow），它通过 token 激励机制奖励最先算出正确答案的节点，从而以最快的速度获得最准确的数据，且数据自动更新。其次是区块链的字符序列时间戳（Timestamp），“它是一个能表示一份数据在某个特定时间之前已经存在的、完整的和可验证的‘标记’”①。Pow 和 Timestamp 技术保障了链上每个节点数据的交换过程和历史记录不被篡改，这完美地解决了信用体系建设中的溯源问题，为国家治理能力提升和经济发展提供了无限可能。京东自主研发的区块链服务平台——“智臻链”，实现了商品防伪追溯，营造了规范有序的市场环境。蚂蚁金服将区块链技术应用于支付宝爱心捐赠平台，做到整个公益流程高度透明。“北京、青岛、广州、海口等城市也依托大数据、区块链等信息技术支持，相继推出‘智信城市’计划，渗透到政务服务、社区服务等各个领域。”②依据区块链的可溯源性衍生的“区块链+”应用场景让个人信用有据可依、失信行为有证可查、奖惩措施有迹可循，为社会信用体系提供了坚固的技术后盾。

溯源的技术问题解决后，如何打通信用评级机构各主体、各部门，让溯源请求发出方畅通无阻地找到溯源内容？作为区块链多种外部形态之一的联盟链在结构上采用“部分去中心化”和“仅对特定的组织团体开放”的模式。“这种既保护主体隐私又对外部信息请求定向开放的模式，提供对参与

---

① 李康震，周芮. 区块链技术在“一带一路”国际执法合作中的应用研究［J］. 北京警察学院学报，2018（2）：44-50.

② 中国区块链生态联盟，青岛市崂山区人民政府，赛迪（青岛）区块链研究院. 2018—2019 年中国区块链发展年度报告（下）［N］. 中国计算机报，2019-06-17（008）.

成员的管理、认证、授权、监控、审计等全套安全管理功能”①,为建立全国范围内多主体互联互通的信用平台提供了安全保障。利用联盟链,政府、行业机构和社会组织可以达成互利共赢的协同治理协议,并通过建构不同联盟链,实现“以链治链”,即一个区块链系统监管另一个区块链系统的数据操作,联盟成员间良好运行的合作机制。

(四)建设互联网法院,打通线上线下法制网

互联网是基于现实社会建立的虚拟网络空间,由于其匿名性和隐蔽性的特点,用户可以在互联网上享受到极大的自由。然而自由是一把双刃剑,它拥护了民主的同时也孕育滋生了“盗版资源泛滥”“个人信息泄漏”“互联网诈骗”等一系列网络失信行为。重视互联网失信行为监管,是因为网络空间不再是以计算机为主要终端的虚拟世界。随着 AI、VR、5G 等新技术的出现,它正在与物理空间和现实世界快速融合,惩治互联网失信行为迫在眉睫。

由于网络空间监管难度大,尽管世界各国都做出了各种各样的尝试,但至今也没有一套相对健全、完善的信用体系能填补网络失信行为监管的空缺。中国互联网法院正是在这样的困境中应运而生。

以北京互联网法院为例,作为中国唯一一家在网信办备案的区块链法院,北京互联网法院积极尝试新技术的投入使用,结合区块链中的跨链技术组成法院核心技术——天平链。跨链技术是学术界普遍认同的区块链 3.0 版本(见图 9-3),“跨链让价值可以跨过链与链之间的障碍,使得原本存储在特定区块链上的价值转换为另一条链上的价值,从而实现价值的流通”②。这一技术特点打破了区块链 2.0 依托“以太坊”的块链式数据造成的区块“价值孤岛”,让区块链与区块链之间的信息交换更加高效、安全。天平链的使用为互联网法院电子证据的存取、当事人隐私数据安全、存证数据验证等问题提供了可行的解决方案。

---

① 陈腾. 浅谈区块链防伪溯源[J]. 互联网经济,2018(12):26-31.

② 路爱同,赵阔,杨晶莹,王峰. 区块链跨链技术研究[J]. 信息网络安全,2019(8):83-90.

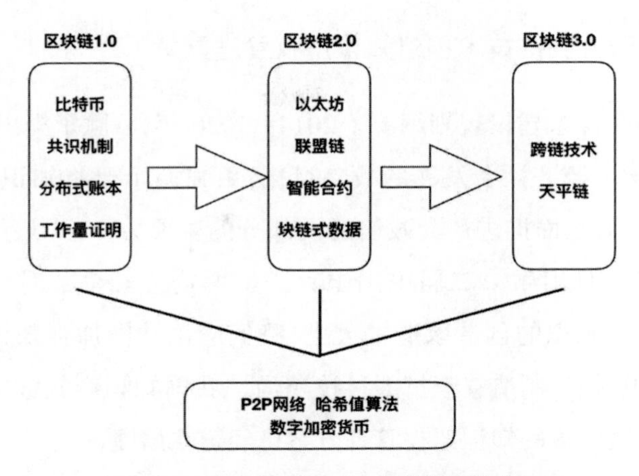

图 9-3　基于底层技术的区块链版本演进

根据北京互联网法院官网提供的数据，"截至 2019 年底，北京互联网法院的天平链技术已完成跨链接入区块链节点 18 个，实现版权、著作权、互联网金融等 9 类 25 个应用节点的数据对接，上链电子数据超过 749 万条，跨链存证数据已达上千万条"①。北京互联网法院通过自身实践，完成了互联网法院"权威可信、事前上链、安全性高、隐私保护、跨链互信、对接简单"的建设目标，提高了审判效率，降低了当事人维权成本，推进了网络空间守信环境的建立。

"区块链+互联网法院"让网络失信者认识到互联网并不是恣意妄为的法外之地。新时代的互联网自由是区块链基础上的自由，区块链技术的接入打通了线上线下的信用网，实现了"信网恢恢，疏而不漏"。

四、区块链技术在传播应用场景的扩展新空间

上文论述了区块链+社会信用体系的可行性，提出宏观上信用体系建设存在的问题以及区块链的加入能够帮助解决的措施方案。下面本书将以区块链在传播领域的具体应用场景为拓展点，结合相关案例，从微观层面辅助论证区块链在国家治理中的其他可行性。

---

① 张雯. 司法区块链助力网络空间治理法治化[N]. 中国纪检监察报，2019-10-31(004).

（一）基于区块链技术创建知识产权管理网站

《社会信用体系建设规划纲要（2014—2020年）》除了提出要将社会信用体系建设纳入经济社会发展的战略目标，更强调了要将知识产权领域信用体系建设作为全面推进社会诚信建设部分的主要方面。习近平总书记在2019年11月5日出席第二届中国国际进口博览会开幕式时再一次强调："为了更好运用知识的创造以造福人类，我们应该共同加强知识产权保护，而不是搞知识封锁，制造甚至扩大科技鸿沟。"我国知识产权数额庞大，增速迅猛，制订高效完善的知识产权管理方案已经迫在眉睫。

目前我国知识产权案件管理和审判主要依据国家和地方的知识产权局和法院，受理流程大部分仍旧以"提交存证—证据审理—结果宣判"为主要环节。其中存证对比、内容审核环节要耗费大量人力物力，往往漫长的结案周期结束后原告方已经失去了市场竞争优势。以北京市法院受理的《九层妖塔》侵权案为例，该案在2015年提交，直至2019年8月9日才有了结果。电影制作方早已结束宣传期，原告张牧野在漫长4年的审案结束后仅获得5万元的精神抚慰金。

面对这一困境，各地政府和知识产权局也在积极寻找对策。北京市东城区人民法院在2018年10月首次采用区块链云取证数据审理知识产权案件，这也是北京首例已判决的区块链存证案。同年9月9日在京成立的互联网法院更是全面依托区块链技术打造法院特色天平链审理系统，将"存证上链、跨链互信、对接简单"等建设目标发挥到极致，大大提高了案件审理效率。在北京互联网法院成立一周年新闻发布会上，院长张雯总结了互联网法院受理案件的情况："目前，北京互联网法官共有员额法官35人，法官助理及书记员105人。但这个不大的团队，却在一年的时间内办理了两万多件案子，其中知识产权案件占比高。"①东城区人民法院和北京互联网法院对于区块链在知识产权保护中的应用为我们提供了新思路和成功案例。

---

① 北京互联网法院. 北京互联网法院审判白皮书（2018. 9—2019. 9）[R/OL].（2019-09-03）[2020-12-30]. https://www.bjinternetcourt.gov.cn/pdf/21.pdf.

事实上，区块链由于具有不可篡改、去信任、去中心化、可溯源等特征，完美地适用于解决知识产权领域取证难、原被告各执一词的问题。北京航空航天大学文化传媒集团刘德生等在 2017 年便提出“可以将区块链技术应用于数字图书著作权的确认、保护和交易”，并指出“这将有可能一次性克服数字作品网络传播中的诸如版权登记过程繁杂、成本高、耗时长等问题”[①]。

结合理论和实践的双重验证，本书认为现有知识产权管理体系应该整合资源，建立集知识产权申请、维权、招商为一体的中国知识产权官方网站，由国信办提供技术支持，中国知识产权局进行监管和案件审理，借鉴北京互联网运营模式，做到产权上链、存证上链、信息公开、高效检索、精准结案。中国知识产权官方网站在收集整合知识产权信息的同时也提供招商平台，为知识产权持有者和市场嫁接安全便捷的沟通渠道。知识产权的公开公正公平化加上国家保障的招商平台，既维持了知识产权持有者的创作欲望，又鼓励了产权可持续发展。

（二）信用积分引导和谐有序的线上舆论场

“舆论反转、情感宣泄、舆情危机、信任异化”[②]是“后真相时代”的典型特征。随着区块链在不同领域、不同应用场景的展开，许多学者开始探讨区块链去中心化和溯源技术在加强舆论全面监管中的优异性，基于区块链分布式账本建立舆情分析预警机制。然而本书认为，区块链技术在舆论场管控中的作用不应该是监控摄像，而应是净化器的角色，应主动引导而不是被动施压。微博、豆瓣、知乎等具有影响力的网络社交媒体可以从区块链的代币机制中获得启发。社交网络 steemit[③] 通过区块链代币奖励社交网络的参与者，以 token 特有的激励机制来促进信息的生产和传播。互联网平台可以为每一个信用账号建立信用积分档案，实行信用会员分级管理制。高阶级

---

① 刘德生，葛建平，董宜斌. 浅议区块链技术在图书著作权保护和交易中的应用[J]. 科技与出版，2017(6)：76.

② 董向慧. “后真相时代”网络舆情与舆论转化机制探析：互动仪式链理论视角下的研究[J]. 理论与改革，2019(5)：50-60.

③ KOLONIN A. Assessment of personal environments in social networks [C]// Data Science & Engineering. IEEE，2017：61-64.

的信用持有者可以在该平台享受更多的特权。这样不仅可以鼓励平台上出现更多优质内容创作者,通过将用户的点赞、转发和举报行为与信用积分挂钩,还可以激励网民转发重要信息、举报不实信息。以网民自主意识为主体的网络治理更容易被民众所接纳。

信用积分机制在重大舆论事件的舆论引导中更能发挥其网络净化器的作用。类似新冠肺炎病毒的话题,官方可通过提高重要内容"转发"获得的信用积分,激励网民自动向正确舆论方向靠拢,在众多信息源中为官方发言人肃清障碍,实现内容直达、权威发声,最大限度地降低群众恐慌度,维持社会稳定。

第十章 5G 背景下的物联网治理

本章摘要

2019 年被称作 5G 商用元年,5G 的出现将会成为开启万物互联时代的金钥匙。而随着物联网的发展,网络空间治理将会面临新的问题:物联网标准难以统一;数据爆发带来的数据归属权更难划分;网络和社会大融合对传统治理模式提出挑战;网络安全风险加大,但配套政策滞后等。对此,本书提出了搭建物联网网格、建设物联网"标准池"、打造数据"银行"、构建"终身监控链"等方案,来应对物联网时代的网络空间难题。

习近平指出,"当前,新一轮科技革命和产业变革加速演进,人工智能、大数据、物联网等新技术新应用新业态方兴未艾,互联网迎来了更加强劲的发展动能和更加广阔的发展空间"①。全国工业和信息化工作会议在部署 2020 年重点工作时也曾指出,坚持智能制造主攻方向,持续深化人工智能、区块链、物联网、大数据等技术创新与产业应用,推动工业化和信息化在更广范围、更深程度、更高水平上实现融合发展。然而实现这一目标的基础和根本就是技术。5G 被认为是将会重组现实与信息世界的重大技术,将给物联网带来无所不达的连接、无所不在的计算以及无所不及的智能化。5G 的

① 引自 2019 年 10 月 20 日,习近平主席致第六届世界互联网大会贺信。

商用,不仅会推动实体经济的发展,也会为物联网提供新的发展方向。

一、5G 助力物联网发展

(一)5G 高速率优势扩大物联网应用场景

在 4G 时代,对网络速率要求低的短距离无线通信技术在全球快速落地部署,相应的应用也展现出巨大市场价值,其中智能家居的快速发展尤为突出。但由于 4G 通信技术在速率等方面的不足,许多物联网应用仍然受到很大限制,如自动驾驶和远程医疗等。因为一旦出现网络延迟、网络堵塞等不确定性问题,就可能造成严重的安全事故。所以,此前受限于通讯技术的发展,物联网的应用场景仍然不够广泛。

在 5G 技术快速发展的今天,物联网迎来了飞跃式发展机遇。美国芯片制造商高通认为,在相同条件下,5G 的浏览和下载速度要比 4G 快 10—20 倍,可以确保物联网的应用场景更加全面化、深层化。无人驾驶是 5G 时代最重要的应用之一。无人驾驶的核心是数据驱动,车辆控制系统通过对大量数据进行运算分析,将现实环境数据化并做出决策,从而实现无人驾驶,但 4G 网络条件无法支撑庞大的数据运算和流畅的信息输出,导致无人驾驶在安全性上存在很大隐患。所以目前无人驾驶技术的等级主要为 L2 级,行驶过程仍然需要很强的人为干预。而 5G 网络的低时延和大容量特质,可以保证车辆在行驶过程中以更精细的尺度了解自身所处的位置、周围的环境状况等,并能扩充计算等级,使汽车获得更多的计算资源,而且“5G 网络每秒提供数据高达 20 千兆,响应时间不到 1 毫秒(比现有的 4G 速度要快 100 倍),这将让无人驾驶汽车能够基本保持一直与云服务器通信”①,其安全性可以得到更大保障。5G 的加入,或将成为促使无人驾驶应用落地的最后一块拼图。

---

① 马向东.5G 技术助推自动驾驶发展和车险变革[J].上海保险,2020(2):57-61.

表 10-1 自动驾驶智能化分级表

等级	自动驾驶程度	说明
L0	无自动化	驾驶员持续进行横向或纵向的操作
L1	辅助驾驶	驾驶员持续进行横向或纵向的操作
L2	部分自动	驾驶员必须一直掌控驾驶,在特定场景下,系统进行横向和纵向的操作
L3	条件自动	驾驶员不必一直监控系统,但必须时刻保持警惕以接管和介入驾驶;在特定场景下,系统进行横向和纵向的操作;系统可以识别自身性能极限,并在充足时间内要求驾驶员接管
L4	高度自动	驾驶员在定义的使用场景中不是必需的;系统可以在定义的使用场景中自动应对所有情况
L5	完全自动	系统可以自动应对行驶过程中的任何场景,不需要驾驶员

表 10-2 部分国内外企业自动驾驶事业发展现状及规划

公司	4G 条件下发展状况	5G 条件下发展规划
Waymo/Google	2017 年购入 500 辆克莱斯勒进行自动驾驶汽车测试;2018 年,推出无人出租车服务,进入无人出租车商用阶段;2019 年,自动驾驶公开道路测试里程达到 1000 万英里	2020 年在北美量产 L4 级别汽车
宝马	2018 年 5 月 14 日,宝马正式获得上海市智能网联自动驾驶测试牌照;截至 2019 年,宝马已经为多系列车型搭载了 L2 级系统	到 2021 年,首款智能网联汽车 BMW iNEXT 实现量产,提供 L3 级自动驾驶且在技术上支持 L4 级自动驾驶
奥迪	2019 款奥迪 A8 具备 L3 功能,是全球第一款 L3 自动驾驶车型	到 2025 年,推出首款 L4 级无人驾驶汽车
长安	2017 年 11 月拿到美国加州无人驾驶路测牌照	2020 年将无人驾驶 L3 技术投入量产
长城	2018 年 11 月在保定建立了自动驾驶测试场;2018 年 10 月与 AutoBrain 和瑞典海克康斯合作研发 L3	2020 年将 L3 推向市场;2023 年推出 L4 级无人驾驶汽车
百度	2016 年获美国加州自动驾驶路测牌照;2018 年 11 月,与一汽共同研发国内首款 L4 级自动驾驶汽车	2021 年,生产基于 Apollo 的 L4 级自动驾驶汽车

在5G技术的支撑下,我国物联网产业将逐步成熟,除远程医疗、无人驾驶等应用之外,智慧城市、智慧能源、工业物联网三大产业型应用,车联网、智能可穿戴设备等消费型应用也将进一步升级。

(二)5G高容量优势推动"万物互联"

"与4G相比,快只是5G的优势之一。万物互联,才是5G与4G最大的不同。"[①]在传统通信时代,终端的数量十分有限;到了固定电话时代,终端以人群划分,一个村庄拥有一台电话的情况确有存在;而到了移动通讯时代,终端数量迎来了高速增长,终端开始以个人来划分。工业和信息化部无线电管理局发布的《中国无线电管理年度报告(2018年)》显示,2018年我国移动电话用户总数达到了15.7亿户,移动电话用户普及率达到112.2部/百人,也就是说每人平均拥有1.12部手机。

但是,随着5G时代的来临,终端数量将不再以个人作为统计依据,因为届时每个人、每个家庭都可能拥有数个终端。通信业期待在5G时代,每平方公里可以支撑100万个移动终端。在5G的支撑下,未来几年内全球物联网设备将进一步扩张。赛迪顾问发布的《2018年中国5G产业与应用发展白皮书》显示,预计2020年至2025年,5G直接拉动的物联网连接数将累计达到124.5亿。而且未来的网络终端,除了手机、平板、电脑,还会有更多产品,在构建人与人、人与物连接的基础上,实现万物互联的愿景。这种变革一旦成功,带来的最直观的效果就是,人们的生活和网络的联系越发紧密,这种联系不仅仅限于如今的购物、沟通和娱乐,还将进一步覆盖出行、家居、社会生产、服务等各个方面,真正改变人们的生活方式。以智能家居行业为例,当前智能家居行业面临的发展瓶颈可以归结为两点:一方面是由技术因素导致的用户体验感差;另一方面是各厂商都专注于连接自己的产品,导致单个智能家居产品存在"孤岛现象"。网络条件决定智能家居使用的流畅程度,4G网络存在的延迟、故障等问题会严重影响消费者的体验,阻碍智能家

① 5G智"绘"生活:海量物联网通信、毫秒级端到端时延[EB/OL].(2019-07-09)[2020-02-04].https://tech.sina.com.cn/5g/i/2019-07-09/doc-ihytcitm0634100.shtml.

居的发展。而 5G 的来临,意味着更快的网络速度和更稳定的网络连接,将其应用到智能家居方面,将会改善用户的使用体验。除了速度上的提升,5G 网络接入海量的设备中,还将推动新一轮的规范化和标准化工作,这将有助于智能家居行业标准的规范统一,从而打破各大企业各自为政的局面,迎来从单一家庭智能设备到全屋智能互联的新景象。面对 5G 浪潮,各家居企业纷纷布局,想要抢占新的商业版图。其中,海尔在 2019 年建立了全球首家智能+5G 互联工厂,将智能制造与人工智能、5G 等关键技术深度融合,开启智能家居新征程;欧派家居集团和华为举行了战略合作发布会,欧派将与华为 hilink 平台全面对接,为消费者提供更好的物联网解决方案以及智能家居体验。

从移动应用到穿戴式装置再到智能家电,物联网应用正逐步影响着我们的日常生活。未来,在各垂直企业的推动下,物联网能够达到从人到物的全方面覆盖,以及从生产到消费的全流程记录,真正实现“万物互联”。届时,更多的实体物品被赋予语境感知能力和问题处理能力,我们的智慧生活将得到进一步升级。

二、物联网带来的机遇

麦克卢汉曾说过,“真正有意义、有价值的‘讯息’,不是各个时代的传播内容,而是这个时代所使用的传播工具的性质及其所开创的可能性以及带来的社会变革”①。物联网所带来的影响正好印证了麦克卢汉的观点。物联网的发展,推动产业革新、社会变革,最终将改变整个社会的运作模式。

(一)互联网向线下延伸,各行各业迈向智能化

目前,国际上通用的物联网定义是:“通过射频识别、红外感应器、全球定位系统等信息传感设备,按约定的协议,把任何物品与互联网相连接,进行信息交换和通信,以实现对物品的智能化识别、定位、监控和管理的一种

---

① 麦克卢汉.理解媒介:论人的延伸[M].何道宽,译.北京:商务印书馆,2000:25.

网络。"[①]物联网是在互联网的基础上,通过终端的进一步扩大而延伸出来的网络,它的核心仍然是互联网。在互联网时代,用户互动的平台是虚拟化的网络空间,与现实社会中的物理场所几乎没有交集。而随着物联网的发展,越来越多的实体物品通过装上感应芯片,逐渐实现了传统的物理实体和信息技术的融合,用户的互动平台从虚拟世界延伸到了物理世界。也就是说,物联网将整个网络打造成一个物理世界与网络世界相互融合的新体系。从历史的维度来看,人类所处环境的发展从原始社会的实体世界,到互联网社会的虚拟世界,再到物联网联结的实体世界,经历了螺旋式发展的回归。

在信息技术的发展之下,物联网系统让物理世界和网络世界的连接变成了现实,传统产业借助这一契机,拥有了新的转型方向。这对传统产业来说,既是一个突破性的技术创新,也是一个重大挑战。无论是以中兴、华为以及 BAT 为代表的科技力量,还是交通、农业、制造业等传统产业都已瞄准物联网这一新风口。2018 年 3 月,阿里巴巴高调宣布,全面进军物联网,这一举措被看作 2018 年物联网领域的重要事件之一;2018 年 9 月,腾讯也进行了重大战略组织架构调整,成立云与智慧产业事业群,物联网成为该事业群的重点领域之一;中兴通讯则利用在 5G 领域的领先优势,先后推出了5G+工业园区、5G+智慧治水、5G+智慧场馆、智能家居、车联网等多领域多行业的系列解决方案,依靠大数据、人工智能等前沿技术与物联网的创新结合,全力推动多行业的数字化转型创新。

当前,我国物联网技术已经在地质灾害监测、环境污染监测、生态环境监测、智能交通、智能医疗、无人驾驶、智慧农业、智能工业等领域得到了初步应用和推广。其中最具代表性的莫过于工业物联网的发展。工业物联网作为中国智能制造业发展的重要支撑,已经得到我国政府高度重视,从《物联网"十三五"发展规划》,到《中德合作行动纲领》《中国制造 2025》,工业物联网产业在政府的推动下飞速发展壮大。未来,随着物联网技术应用领域的不断扩展,涉及的产业类型和规模也将越来越多、越来越大,全球各类产业将面临新一轮的洗牌,经济形势也会因此而变化。如果传统产业抓住物

① 王光辉.物联网战略的国际观察与思考[J].科技创新与生产力,2010(4):7-9.

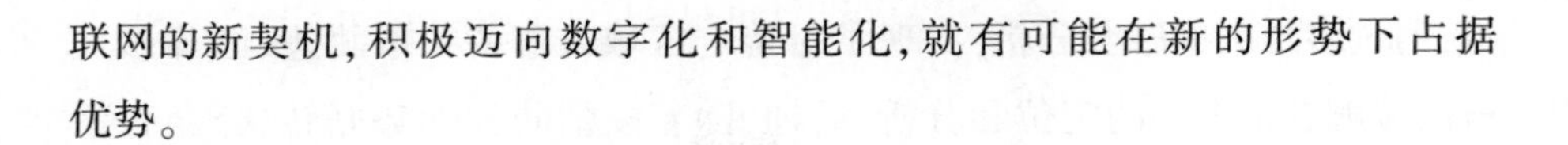

联网的新契机，积极迈向数字化和智能化，就有可能在新的形势下占据优势。

(二)城市智能重构，数据成为新型基础设施

尼葛洛庞帝曾提出数字化生存的概念，他的核心思想是“比特，作为信息时代新世界的 DNA 正迅速取代原子成为人类社会的基本要素”①。数字化生存代表了在数字化环境中人类的一种生存方式，而数据是这个环境中最基本最主要的构成元素。物联网的出现，正在将这个设想变为现实。物联网中的传感器时时刻刻都在收集数据，大到天上的卫星、奔驰在路上的汽车、各种交通测速仪，小到人们手中的智能移动设备、环保监测站点、某根线上某个阀门处的芯片等，无处不在的传感器时时刻刻都在产生着鲜活的数据。未来，随着传感器的更大规模部署，城市不再局限于钢筋混凝土构成的物质世界，各类物联网传感器、终端设备交互传递形成的数字流，就像人类身体内流淌的血液、遍布的神经，将重构城市的“生命”。届时，我们每个人都会成为一个节点，城市成为一个大型智能网络，而数据则是其中的重要的资源和基础设施。

早在 2018 年底，中央经济工作会议就把 5G、AI、工业互联网、物联网定义为“新型基础设施建设”，并将基础设施列为 2019 年重点工作任务之一。在大数据、AI、云计算、区块链、物联网等新技术相继成为传媒和政策热点的背后，是数据驱动的科技生态正迅速崛起。数据的开发和利用支撑起云计算、AI、区块链等新一代信息技术的运作，服务于城市开发、交通运输、智慧建筑、社会治理等各个应用系统，助推政府、行业、企业等领域的信息化发展。在此次疫情防控工作中，数字政府和智慧城市就凸显了巨大价值。前期，为预判疫情传播趋势，工信部组织行业专家建立了疫情电信大数据分析模型，统计分析全国尤其是湖北等重点地区人员的动态流动信息，帮助国家预测预警整体疫情态势；中期，为有效支撑政府部门区域化疫情防控工作，中国联通大数据公司开发了传播风险分析、时空相关分析等一系列数据模

---

① 尼葛洛庞帝. 数字化生存[M]. 胡泳，等译. 海口：海南出版社，1997：3.

型,通过多维数据融合分析,实现了对特定区域人群的扩散轨迹、已确诊人群的接触者范围等的定位和分析;后期,随着疫情防控形势好转、公众有序复工,百度地图与北京市交通委合作上线了地铁、公交客流量查询服务,用户可查看实时客流情况,规划上下班行程。经过此次疫情,数据作为基础设施在城市治理方面的作用已经得到证明。未来,随着数字基础设施的进一步建设,每一个城市、每一个工厂、每一条道路、每一个下水道都将实现数据化、智能化,国家能够充分开发"数据"作为新型基础设施的庞大价值,真正实现"网络强国,数字中国"的战略目标。

三、物联网导致的治理问题

毫无疑问,物联网不仅会改变我们的生活方式,也会改变整个社会的运作模式,未来,越来越多的公司会转型成为科技公司,网络会变得和空气一样重要,时刻将我们包围。然而,我们不得不面对那些在互联网时期就尚未解决的问题,如信息安全、数据归属权、隐私保护等,它们会随着物联网的部署从虚拟世界过渡到现实世界,而且新的问题也会不断涌现。

(一)先发优势明显,但标准细化竞争激烈

习近平在致第 83 届国际电工委员会大会的贺信中曾强调,"中国高度重视标准化工作,积极推广应用国际标准,以高标准助力高技术创新,促进高水平开放,引领高质量发展"。我国自物联网发展初期就高度重视标准化工作,自 2009 年启动物联网国内国际标准化工作以来,推动了近 200 项物联网领域标准的立项协调工作,91 项物联网相关国家标准和 58 项行业标准正式发布。由我国提出的《物联网参考体系结构》国际标准新工作项目于 2014 年正式获得 ISO/IEC JTC1 批准,此项目的正式立项标志着我国在物联网国际标准制定中拥有了重要的话语权。

表 10-3 我国制定物联网标准的组织

组织名称	简介	主要成果
电子标签国家标准工作组	2005 年成立,设有 7 个专题组。总体目标是建立一套基本完备的、能为我国 RFID 产业提供支撑的 FID 标准体系	GB/T 28925 - 2012《信息技术射频识别 2.45GHz 空中接口协议》、GB/T 29768 - 2013《信息技术射频识别 800/900MHz 空中接口协议》等
传感器网络标准工作组	2009 年 9 月由国家标准化管理委员会批准成立,主要负责传感网领域的标准化工作	GB/T 30269.502-2017《信息技术 传感器网络 第 502 部分 标识:传感节点标识符解析》、GB/T 30269.503-2017《信息技术 传感器网络 第 503 部分 标识:传感节点标识符注册规程》等 3 项传感器网络标识国家标准
国家物联网基础标准工作组	2010 年成立,主要职责为研究符合中国国情的物联网技术架构和标准体系等	发布《物联网参考体系结构》

物联网带来的经济效益是不可忽视的,所以越来越多的国家和地区都在积极运作,想要在这一新兴领域国际标准制定的过程中,争夺更多的利益。虽然在物联网顶层设计的标准制定上,我国拥有了先发优势,但是在细化的落地标准方面,各国还处在激烈的竞争之中。以 RFID(射频识别)技术为例,目前国际上尚未形成各国都能接受的统一标准,现阶段国际上主要有三大阵营,一个是 ISO 组织的 ISO/IEC18000,另外两个是美国的 EPC Global 和日本的 UID。"随着国外 RFID 标准在我国的推广以及逐渐被我国企业接受,我国 RFID 国家标准的制定和推广将面临越来越大的挑战,国际标准在国内应用所形成的事实标准将会阻碍我国国家 RFID 标准的制定和推广。"①除此之外,适应我国物联网产业发展的标准缺失,导致许多物联网厂商各自为政,物联网应用潜能未能被充分开发,产业分工不协调,进而影响整个物联网产业的发展。

① 绳立成,张颖,王光辉.中国物联网产业集群发展态势分析及路径[J].北京科技大学学报(社会科学版),2010,26(3):138-141.

（二）数据庞杂，归属权更难划分

2015 年国务院出台《国务院关于印发促进大数据发展行动纲要的通知》，正式将大数据发展提到国家议程上来。大数据产业蓬勃发展的同时，数据的归属权问题一直存在争议。2017 年华为和腾讯关于用户数据的冲突，一度引发热议。华为手机以“人工智能”的名义搜集和分析第三方软件中的信息和数据，华为官方表示，该行为得到大部分互联网公司的配合和响应，但腾讯却认为这种做法侵犯了微信用户的隐私，剽窃了微信的数据，双方各执一词，市场评价也褒贬不一。这个争议的核心问题便是数据的归属权问题：数据到底属于用户自己，还是属于数据采集的平台或者是其他相关者？这场争议也并未提供一个明确的答案。

在物联网环境下，数据的归属权问题将变得更复杂。一方面，随着传感器的大规模部署，数据的来源将更加广泛。《2019 中国大数据产业发展白皮书》预测，到 2025 年，全球数据量将会从 2018 年的 33ZB 上升至 175ZB。另一方面，在物联网系统中，数据不再生活在传统数据中心的围墙花园中，它们存在于边缘中、传输中、云中，并且通常位于这些路径的中间连接点，这使得判定数据的归属权变得更加困难。以农产品的供应链为例，农产品最初由农民种植，随后农民将这些产品卖给批发商或衍生食品制造商，批发商或制造商再将最终产品卖给杂货店或餐馆，这一系列行为都会产生数据，如何划分这一系列数据的归属权或者如何合理分配每部分数据的价值，是物联网时代不得不思考的问题。

对于数据的归属权目前尚无统一的说法，与此同时，在大数据产业化发展过程中，数据采集、数据转卖等问题却不断凸显。《纽约时报》就曾披露，多年来 Facebook 向全球 150 多家大企业提供用户个人数据。在物联网发展途中，物联网设备泄露用户个人隐私的问题早已屡见不鲜。例如在 2020 年 6 月，就有消息称亚马逊智能音箱录下了一家人的谈话，并将谈话语音文件发给了他们联系人列表中的某一个。虽然有些设备提供删除数据的选择，但即使用户可以删除前台数据，由于数据归属权不属于用户个人，传感芯片依然能使用户的信息被永远保留在信息后台，并在用户毫不知情的时候被使用、被泄露或者被转卖。

(三)社会架构重置,传统治理模式遭受冲击

在物联网构成的巨大网络中,实体物品跟随互联网蔓延到社会的各个角落,为人们提供无所不在的全方位服务。Strategy Analytics 联网家庭设备(CHD)研究服务发布的最新研究报告《全球联网和物联网设备预测更新》指出,“截至 2018 年底,全球联网设备数量达到 220 亿。该报告预测,到 2025 年将有 386 亿台联网设备,到 2030 年将有 500 亿台联网设备”①。数量庞大的物联网设备连接网络世界和物理世界的背后是实体产业通过网络化来推动产业结构调整和升级优化,如在工业领域,物联网的应用已相对成熟,Markets and Markets 发布的报告数据显示,“根据当前工业物联网高速发展态势,预计 2023 年可达 914 亿美元,中国和印度等国家的工业化进程将显著拉动工业物联网市场发展”②。

未来,随着物联网技术应用领域的不断扩展,涉及的产业类型和规模也将越来越多、越来越大,届时行业壁垒被打破,由此带来的实体产业、虚拟网络和整个社会的大融合将对网络空间治理造成巨大压力。

面对这样一个庞大而复杂的网络系统,有关部门如何监控不同类型终端设备的状态、位置、安全性等动态信息,以确保物联网系统甚至整个城市和国家的正常运转,就变成一个十分必要且棘手的问题。传统的网络空间治理采取的是职能管理框架下的分级而治,一级管一级,一级对一级负责,上下按部就班,标准统一,并且采取的仍然是前文所述的“先出现问题,后解决问题”的以结果为导向的治理模式。而到了物联网时代,网络不仅作为被管理对象出现,更重要的是构建着政府、产业、社会以及它们之间的关系,届时网络空间治理的组织结构如何重置、政府的管理边界如何划分等问题都需要重新思考。

---

① Strategy Analytics:2018 年全球联网设备数量达到 220 亿 企业物联网仍然是领先的细分市场[EB/OL].(2019-05-23)[2020-02-13].http://www.199it.com/archives/880602.html.

② 杜博.物联网产业发展趋势及我国物联网产业发展[J].电子技术与软件工程,2019(24):1-2.

(四)网络安全风险加大,配套政策滞后

物联网不仅涉及个人隐私问题,还关乎整个国家安全,因为物联网系统涉及国家电网、无人驾驶、供水系统等各个重要领域。当所有事物都成为互联网的一部分时,不法分子自然有更大的动机利用科技漏洞来牟利。而且由于很多物联网产品缺乏安全性,很容易就会被破解,即使是无人驾驶汽车等安全性相对较高的设备,在高级的技术手段下,也可能被攻击。一旦有关重要国家基础设施层面的数据被别有用心的国家利用,就会危及整个国家。2018 年 4 月 16 日,美国国土安全部(DHS)、联邦调查局(FBI)和英国国家网络安全中心(NCSC)就发布联合技术警告(TA)称,俄罗斯政府支持的黑客对全球的小型办公室和家用路由器发起协调性攻击活动,其潜在目标是实施间谍活动和窃取知识产权。利用僵尸网络攻击物联网系统也是当前各国物联网发展进程中面临的巨大威胁。僵尸网络由互联网设备联结而成,而且是已经被黑客入侵、劫持和控制的网络。物联网的连接数将要达到百亿级别,这使得黑客更容易构成并控制大型的僵尸网络。如果僵尸网络对一个国家的能源、交通、金融等关键的国家基础设施发起攻击,其影响可能是空前的。

“据统计,我国暴露于互联网的物联网设备数量排名世界前列,这些设备漏洞一旦被利用,可导致僵尸网络攻击、隐私泄露、服务中断等安全风险。”①另外,物联网正加速与实体产业的融合,这也使得车联网、智能交通、工业互联网等面临的安全风险进一步加剧。当前,我国对物联网设备的监管存在很多不足,监管政策、措施等都还不完善。我国专门针对物联网安全问题的基本法、部门规章、规范性文件十分缺乏,涉及物联网安全的条款只在发展规划性文件中有所涉及,如国务院 2016 年出台的《“十三五”国家战略性新兴产业发展规划》、工业和信息化部 2017 年出台的《信息通信行业发展规划物联网分册(2016—2020 年)》中有少量条款提出安全是发展的前提和保障,要求确保物联网、工业互联网安全可控,但具体细化的配套文件还未出台,相应的安全管理政策也不够有力。

---

① 丰诗朵,曹珩,高婧杰. 从美国《IoT 设备网络安全法》看物联网设备安全监管趋势及对我国的启示[J]. 信息通信技术与政策,2019(7):78-80.

四、5G 背景下的物联网治理路径

(一)搭建物联网网格,实现网络和社会共治

物联网的蓬勃发展使得虚拟社会与现实社会的交集变大,这就要求在物联网治理进程中,网络空间治理不能独立于社会实体之外,必须要与现实的社会管理形成一个有机整体。在搭建这样一个治理系统时,可以借鉴运用城市管理中的网格化管理手段。“网格化管理指的是借用计算机网格管理的思想,将管理对象按照一定的标准划分成若干网格单元,利用现代信息技术和各网格单元间的协调机制,以最终达到整合组织资源、提高管理效率的现代化管理思想。”①网格化管理最大的特点是通过信息技术,“实现对人、事、物、情的全天候、实时化、动态化、智能化监控”②。物联网涉及的监管对象十分庞大,借鉴网格化管理手段构建“物人相连、物物相连”模式,能够实现对物联网系统的全要素和动态化监管,保障系统的正常运行。

目前,北京市已形成城市管理网络全面覆盖的网格化城市管理体系。在现有的网格结构基础上,为改变传统的以结果为导向的治理模式,政府管理部门可以担当主导角色,依照新技术管新技术的思路,利用物联网和云计算技术将现有的城市治理网格改造成新型物联网网格。在每个新网格内,大量传感设备的部署能够帮助政府管理部门获取管理对象运行阶段的实时准确信息,进而利用云平台对数据进行处理和挖掘,实时分析潜在的威胁和问题。云平台将信息与各部分数据进行同步,使监管部门可以实时获取管理对象在每一阶段和过程的准确信息,并利用云计算技术做出诊断,实现对问题的预警。管理部门可根据预警信息采取相关的管控措施,提前处理。物联网网格打破了传统的以结果为导向的应急管理模式,通过物联网和云计算平台的搭建,有关部门能够做到对管理对象的实时监控、分析和预测,从而实现全流程、全过程、动态性监管。

---

① 郑士源,徐辉,王浣尘. 网格及网格化管理综述[J]. 系统工程,2005(3):1-7.

② 张彰. 城市网格化管理的两种代表模式及其比较分析:以北京市东城区与广东省深圳市为案例[J]. 深圳社会科学,2019(6):122-130,156.

（二）建设物联网“标准池”，政府企业共同发力

当前，在物联网的顶层设计的标准制定上，中国拥有先发权。但是这显然还不够，顶层设计还需要细化的可落地标准来配合推进，否则就是空洞无物的一纸空文。然而，“物联网标准体系既包括底层技术的标准，如频率、调制方式、接口标准等，也包括运营管理的标准，如用户认证、业务流程、业务标识等语法和语义”①，这当中涉及各行各业的利益和需求，仅靠一方或者几方的力量难以为我国实体产业和物联网事业的发展谋求最大利益。北京市科学技术委员会在 2016 年发布的《中国工程科技中长期发展战略研究》中提出，我国要瞄准物联网发展方向，积极参与和引导国际标准制定，形成具有国际竞争力的物联网专利池。在现有政策的支撑下，我国应主动出击，联合各行各业组建物联网“标准池”，以全行业的需求为导向，用各行各业强大的专业能力和市场前瞻性来推进全方位的标准落地。

“标准池”内的企业，应以国家利益为先，以前瞻性的行业眼光、从行业实际需求角度出发，为标准的细化和落地贡献智慧。对“标准池”内的企业，政府可以适当“开绿灯”，为企业的发展提供支持。另外，政府也可以出台相应机制，促进我国企业与各国互助，在标准的制定上吸收外部智慧，甚至可以跟美国、日本、韩国以及欧洲各国政府进行规模性“标准池”试运作，结合各国产业优势，共同制定互惠互利的国际标准。例如 2016 年，日本就曾宣布将和德国一起制定物联网国际技术标准，德国拥有强大的制造业基础，在物联网领域处于领先地位，日德两国的联合不仅会促进两国物联网事业的发展，也将使两国在国际物联网标准的制定上更有发言权。此外，相关的标准法也可以做出相应修订，比如得到政府资助的企业，有义务加入我国的“标准池”等，以凝聚各行各业的智慧。

（三）打造数据“银行”，让数据资源成为数据资产

习近平总书记在 2018 年 4 月召开的全国网络安全和信息化工作会议上

① 李向文. 欧、美、日、韩及我国的物联网发展战略：物联网的全球发展行动[J]. 射频世界，2010，5(3)：49-53.

的讲话中提到:“要发展数字经济,加快推动数字产业化,依靠信息技术创新驱动,不断催生新产业新业态新模式,用新动能推动新发展。”在物联网事业如火如荼的建设中,数据共通共享正成为时代趋势,然而置身于大数据时代,如何兼顾数据流通与数据保护成为发展数字经济面临的新问题。反观我国现有情况,原始数据在被企业或政府使用时存在阻力,数据的价值往往大打折扣,同时数据保护工作也存在缺陷,用户数据泄露问题时有发生。我国现有法律主要从用户角度出发,强调个人的隐私权或者人格权,规定数据经营者在用户“知情同意”的情况下才能收集、加工与处理数据。但是在当今数据经济的背景下,数据资源拥有巨大的经济价值,仅从用户隐私保护的角度限制数据的流通不能适应大数据发展的需要。“因此,数据归属权问题进一步成为关注焦点,其中以数据财产权益作为平衡个人信息保护与数据产业发展的新方式,有助于激发市场的活力。”①

北京市人民政府早在 2016 年发布的《北京市大数据和云计算发展行动计划(2016—2020 年)》中就提出要健全数据交易流通的市场化机制,加快北京市大数据交易中心建设,创制数据确权、数据资产、数据服务等交易标准,完善数据交易流通的定价、结算、质量认证等服务体系,规范交易行为,开展规模化的数据交易服务,吸引国内数据在本市流通交易。为促进数据流通,同时兼顾用户隐私保护,有关部门可以考虑联合企业共同发力,采取政府指导、企业主导的模式,由行业超大型企业主导成立数据“银行”,将数据打造成一种新型资产,为数据资产的流通构建起一种交易机制。在数据交易进程中,由政府主导数据运营商资质认证,推动数据交易法律法规以及标准规范的制定,同时需要确保公共信息安全,明确数据泄露责任、数据利用范围等,提供良好的流通环境。行业方面,通过积极交流推动数据交易技术、解决方案的研发和应用,扩大数据流通市场,鼓励企业和民众提供数据、利用数据和流通数据。

① 刘新宇. 大数据时代数据权属分析及其体系构建[J]. 上海大学学报(社会科学版),2019,36(6):13-25.

(四)构建“终身监控链”,变被动防护为主动防御

随着5G元年的开启,物联网风口即将来临。伴随物联网设备的增长,国内外攻击物联网设备的安全事件频发,物联网安全风险越来越大。例如,2016年美国大规模断网事件后来被证实一共有超过百万台物联网设备参与其中,这些设备中有大量的DVR和网络摄像头。2020年1月,澎湃新闻也报道了一起重大物联网信息泄露事件,数十万只家用摄像头遭破解,用户数据被廉价出售。近年来,物联网安全威胁已经成为全球网络安全行业关注的焦点,各国立法机关不断推出各种法律法规来保护物联网安全。如2020年初,美国加州立法委员会颁布的《加利福尼亚州的物联网网络安全法案》(SB 327)开始实施,该法律要求所有的连接设备都具有“合理的安全功能”。但是目前我国针对物联网安全的法律法规分散在多部法律法规之中,不成体系,为了维护物联网安全乃至国家安全,为物联网安全立法迫在眉睫。

我国除了加快完善立法进程,有关部门还可以督促企业为每个联网设备构建“终身监控链”,使设备从设计、制造到使用、维修的整个生命周期都受到监控,提升安全管理的范围和时限。针对物联网安全问题,美国NIST就曾发布《提升关键基础设施网络安全的框架》,其“核心由5个并发的和连续的功能组成——识别、保护、检测、响应、恢复,这些功能从一个组织网络安全风险管理的整个生命周期角度,提出了一个高层次、战略性的观点”①。作为参考,我国政府可以以立法的形式规定物联网企业在设计阶段就要将安全问题纳入注意范畴,在产品开发的最初阶段必须在物联网设备中加入安全功能,保障物联网设备制造商和开发商可以随时检测,并且提供售后服务,确保在设备限定的生命周期内,及时填补安全漏洞。面对物联网安全风险,事后补救的方法往往让企业防不胜防,所以企业应该变“被动防护”为“主动防御”,提升实时监测、处理安全问题的能力。

---

① 颜丽. 国内外物联网安全监管现状及建议[J]. 电信网技术,2018(1):74-76.

参考文献

一、专著

习近平. 习近平谈治国理政(第二卷)[M]. 北京:外文出版社,2017.

中共中央宣传部. 习近平总书记系列重要讲话读本[M]. 北京:人民出版社,2016.

罗家德. 复杂:信息时代的连接、机会与布局[M]. 北京:中信出版社,2017.

李艳. 网络空间治理机制探索分析框架与参与路径[M]. 北京:时事出版社,2018.

陶志强,等. 5G 在智能电网中的应用[M]. 北京:人民邮电出版社,2019.

强磊,等. 互联网+智慧城市核心技术及行业应用[M]. 北京:人民邮电出版社,2018.

鲁佑文. 网络空间利益博弈与治理[M]. 北京:中国社会科学出版社,2019.

金江军,等. 智慧城市:大数据、互联网时代的城市治理(第 4 版)[M]. 北京:电子工业出版社,2017.

芬伯格. 技术批判理论[M]. 北京:北京大学出版社,2005.

哈肯. 大自然成功的奥秘:协同学[M]. 凌复华,译. 上海:上海译文出版社,2018.

卡斯特. 网络社会的崛起[M]. 夏铸九,等译. 北京:社会科学文献出版社,2002.

米歇尔. 复杂[M]. 唐露,译. 长沙:湖南科学技术出版社,2011.

莫荣,陈云,熊颖. 就业蓝皮书:中国就业发展报告(2019)[M]. 北京:社会科学文献出版社,2019.

勒庞. 乌合之众:群体心理研究[M]. 亦言,译. 北京:中国友谊出版公司,2019.

李斯特,多维,吉丁斯,格兰特,凯利. 新媒体批判导论(第 2 版)[M]. 吴炜华,付晓光,译. 上海:复旦大学出版社,2016.

李彦宏. 智能革命[M]. 北京:中信出版社,2017.

明斯基. 情感机器[M]. 杭州:浙江人民出版社,2015.

明斯基. 心智社会[M]. 北京:机械工业出版社,2016.
舍恩伯格. 大数据时代[M]. 周涛,译. 杭州:浙江人民出版社,2012.
塞勒. 移动浪潮[M]. 邹韬,译. 北京:中信出版社,2013.
尼葛洛庞帝. 数字化生存[M]. 海口:海南出版社,1997.
董关鹏. 国际传播——延续与变革[M]. 北京:新华出版社,2004.
席勒. 信息资本主义的兴起与扩张[M]. 北京:北京大学出版社,2018.
韦尔什. 历史的回归:21 世纪的冲突、迁徙和地缘政治[M]. 南京:南京大学出版社,2020.
科恩. 地缘政治学:国际关系的地理学[M]. 上海:上海社会科学院出版社,2014.
弗里兰. 巨富[M]. 北京:中信出版社,2013.
席勒. 数字资本主义[M]. 南昌:江西人民出版社,2001.
关世杰. 国际传播学[M]. 北京:北京大学出版社,2004.
麦克卢汉. 理解媒介[M]. 北京:商务印书馆,2000.
延森. 媒介融合[M]. 上海:复旦大学出版社,2012.
福特纳. 国际传播——全球都市的历史冲刺与控制[M]. 北京:华夏出版社,1999.
李艳. 网络空间治理机制探索:分析框架与参与路径[M]. 北京:时事出版社,2018.
摩根索. 国家间政治:权力斗争与和平[M]. 徐昕,等译. 北京:北京大学出版社,2014.
张笑容. 第五空间战略:大国间的网络博弈[M]. 北京:机械工业出版社,2014.
徐洪才. 变革的时代:中国与人类命运共同体[M]. 北京:机械工业出版社,2014.
王帆,凌胜利. 人类命运共同体——全球治理的中国方案[M]. 长沙:湖南人民出版社,2017.
中国国际问题研究院. 国际形势和中国外交蓝皮书(2018)[M]. 北京:世界知识出版社,2018.
中国网络空间研究院. 中国互联网发展报告 2019[M]. 北京:电子工业出版社,2019.
中国社会科学院欧洲研究所. 欧洲蓝皮书:欧洲发展报告(2018—2019)[M]. 北京:社会科学文献出版社,2019.
纳拉亚南. 区块链技术驱动金融:数字货币与智能合约技术[M]. 北京:中信出版社,2016.
长铗,韩锋. 区块链:从数字货币到信用社会[M]. 北京:中信出版社,2016.
孙松林. 5G 时代:经济增长新引擎[M]. 北京:中信出版集团,2019.
林军. 沸腾十五年:中国互联网 1995—2009[M]. 北京:中信出版社,2009.
周辉. 变革与选择:私权力视角下的网络治理[M]. 北京:北京大学出版社,2016.

何明升.网络治理:中国经验和路径选择[M].北京:中国经济出版社,2017.
李普曼.舆论[M].常江,肖寒,译.北京:北京大学出版社,2018.
李琛.论知识产权法的体系化[M].北京:北京大学出版社,2005.
王谦.物联网与政府管理创新[M].成都:四川大学出版社,2015.
戈德史密斯,埃格斯.网络化治理——公共部门的新形态[M].北京:北京大学出版社,2008.
崔建远.物权法[M].北京:中国人民大学出版社,2011.
武传坤,等.物联网安全基础[M].北京:科学出版社,2013.
刘海龙.大众传播理论:范式与流派[M].北京:中国人民大学出版社,2008.
贝克.风险社会[M].何博闻,译.南京:译林出版社,2004.
尼葛洛庞帝.数字化生存[M].胡泳,等译.海口:海南出版社,1997.
舍恩伯格.删除:大数据取舍之道[M].袁杰,译.杭州:浙江人民出版社,2013.
彭兰.网络传播概论[M].北京:中国人民大学出版社,2017.
史密斯.错觉:AI 如何通过数据挖掘误导我们[M].钟欣奕,译.北京:中信出版集团,2019.
项立刚.5G 时代:什么是 5G,它将如何改变世界[M].北京:中国人民大学出版社,2018.
唐绪军.新媒体蓝皮书:中国新媒体发展报告 No.10(2019)[M].北京:社会科学文献出版社,2019.
薛伟贤.区域数字鸿沟:定义与测度[M].北京:科学出版社,2019.
翟尤,谢呼.5G 社会:从“见字如面”到“万物互联”[M].北京:电子工业出版社,2019.

二、论文

宋迎法,张群.网络治理探究:溯源与展望[J].云南行政学院学报,2018,20(1):163-171.
张康之,程倩.网络治理理论及其实践[J].新视野,2010(6):36-39.
鄞益奋.网络治理:公共管理的新框架[J].公共管理学报,2007,4(1):89-97.
褚松燕.中国互联网治理:秩序、责任与公众参与[J].探索与争鸣,2015(1):36-40.
蔡翠红.国家—市场—社会互动中网络空间的全球治理[J].世界经济与政治,2013(9):90-112,158-159.
章晓英,苗伟山.互联网治理:概念、演变及建构[J].新闻与传播研究,2015,22(9):117-125.
王明国.全球互联网治理的模式变迁、制度逻辑与重构路径[J].世界经济政治,2015(3):

47-73,157-158.
方兴东,张静,张笑容.即时网络时代的传播机制与网络治理[J].现代传播(中国传媒大学学报),2011(5):64-69.
李静.网络治理:政治价值与现实困境[J].理论导刊,2013(7):52-54.
王连伟.网络治理的体系、困境和中国化分析[J].汕头大学学报(人文社科学版),2011,27(4):88-96.
郭炯,洪永红.全球网络治理的法律困境与出路[J].湘潭大学学报(哲学社会科学版),2017,41(3):24-28.
高望来.网络治理的制度困境与中国的战略选择[J].国际关系研究,2014(4):51-62,154.
高宏存.比较视野下网络新媒体管理机制探索[J].行政管理改革,2010(12):75-79.
颜佳华,郑志平.虚拟社会管理创新研究论纲[J].太平洋学报,2011,19(11):12-18.
杨守建,郭开元.论网络虚拟社会管理工作的创新[J].中国青年研究,2010(11):39-43,110.
樊金山.加强和创新虚拟社会管理[J].中央社会主义学院学报,2012(3):105-109.
聂智,曾长秋,朱红英.论虚拟社会治理中的意识形态整合[J].学术论坛,2012,35(5):93-97.
刘伟,杨益哲.网络治理:网络社会视阈下治理范式跃迁的新愿景[J].晋阳学刊,2008(4):15-20.
张林江.当前虚拟社会的特点、管理挑战及其对策[J].中央社会主义学院学报,2011,(4):88-92.
蒋秀玲,李棉管.网络化时代的社会整合议题[J].中共杭州市委党校学报,2013,(3):61-65.
赵水忠.世界各国互联网管理一览[J].中国电子与网络出版,2002(10):8.
王雪飞,张一农,秦军.国外互联网管理经验分析[J].现代电信科技,2007(5):28-32.
张康之,程倩.网络治理理论及其实践[J].新视野,2010(6):36-39.
江小平.法国对互联网的调控与管理[J].国外社会科学,2000(5):47-49.
钟瑛.我国互联网管理模式及其特征[J].南京邮电大学学报(社会科学版),2006(2):31-35.
谢俊贵.中国特色虚拟社会管理综治模式引论[J].社会科学研究,2013(5):14-21.
李钢,陈诺.虚拟社会管理的模式创新[J].理论视野,2011(9):35-38.

段忠贤.网络社会的兴起:善政的机会与挑战[J].电子政务,2012(10):89-93.
吕本富.双向互动:应对社会治理结构网络化的挑战[J].行政管理改革,2012(11):47-49.
高献忠.社会治理视角下网络社会秩序生成机制探究[J].哈尔滨工业大学学报(社会科学版),2014,16(3):57-61.
陈丽丽.论网络社会秩序监控体系的构建——网络监控体系"三三制"模型的提出[J].现代情报,2010,30(8):163-166,170.
俞国娟.构建舆论引导"1+5"模式 提高虚拟社会管理水平[J].观察与思考,2012(1):53-54.
符永寿,刘飚.网络虚拟社会的管理模式创新[J].广东社会科学,2012(6):213-219.
欧阳果华.治理网络谣言:政府与网络社团的合作模式探析[J].中国行政管理,2018(4):84-90.
敬菊华,胡卫喜.媒体融合视域下网络谣言治理对策探析[J].社会科学动态,2018(11):39-42.
翟敏.突发性事件中网络谣言治理[J].新媒体研究,2018,4(21):66-67.
范卫国.网络谣言的法律治理:英国经验与中国路径[J].学术交流,2015(2):94-100.
薛恒,管莹,许盼.网络谣言治理的国际经验及其启示[J].中州学刊,2013(10):171-176.
纪红,马小洁.论网络舆情的搜集、分析和引导[J].华中科技大学学报(社会科学版),2007(6):104-107.
曾润喜,徐晓林.社会变迁中的互联网治理研究[J].政治学研究,2010(4):75-82.
齐佳音,刘慧丽,张一文.突发性公共危机事件网络舆情耦合机制研究[J].情报科学,2017,35(9):102-108.
史波.公共危机事件网络舆情应对机制及策略研究[J].情报理论与实践,2010,33(7):93-96.
成竹.多维度治理与规制短视频失范现象[J].中国广播电视学刊,2018(12):27-29,43.
吕鹏,王明漩.短视频平台的互联网治理:问题及对策[J].新闻记者,2018(3):74-78.
魏珍.网络综艺的娱乐表征、问题与整改措施[J].传媒,2018(22):53-54.
黄薇莘.网络视听节目内容监管的探析[J].信息网络安全,2010(8):67-70.
殷乐.网络视听业的发展态势及监管思路[J].中国广播电视学刊,2018(7):6-9.
张波.我国网络视听节目监管现状及优化策略探析[J].编辑之友,2017(7):44-48.
檀有志.网络空间全球治理:国际情势与中国路径[J].世界经济与政治,2013(12):25-

42,156-157.

张晓君. 网络空间国际治理的困境与出路——基于全球混合场域治理机制之构建[J]. 法学评论,2015,33(4):50-61.

邵国松. 国家安全视野下的网络治理体系构建[J]. 南京社会科学,2018(4):100-107.

沈逸. 全球网络空间治理原则之争与中国的战略选择[J]. 外交评论(外交学院学报),2015,32(2):65-79.

郑成思. 运用法律手段保障和促进信息网络健康发展[J]. 河南省政法管理干部学院学报,2002(1):1-8.

周汉华. 论互联网法[J]. 网络信息法学研究,2017(1):3-30,385.

图书在版编目(CIP)数据

5G 时代网络空间变革与治理研究 / 付晓光著. -- 北京 : 中国传媒大学出版社, 2022. 12
ISBN 978-7-5657-3229-4

Ⅰ. ①5… Ⅱ. ①付… Ⅲ. ①互联网络—治理—研究—中国 Ⅳ. ①TP393. 4

中国版本图书馆 CIP 数据核字(2022)第 120066 号

5G 时代网络空间变革与治理研究
5G SHIDAI WANGLUO KONGJIAN BIANGE YU ZHILI YANJIU

著　　者 付晓光
策划编辑 王雁来
责任编辑 王雁来
封面设计 风得信设计 · 阿东
责任印制 李志鹏

出版发行 中国传媒大学出版社
社　　址 北京市朝阳区定福庄东街 1 号　　**邮　　编** 100024
电　　话 86-10-65450528　65450532　　**传　　真** 65779405
网　　址 http://cucp. cuc. edu. cn
经　　销 全国新华书店

印　　刷 唐山玺诚印务有限公司
开　　本 710mm×1000mm　1/16
印　　张 13. 25
字　　数 210 千字
版　　次 2022 年 12 月第 1 版
印　　次 2022 年 12 月第 1 次印刷

书　　号 ISBN 978-7-5657-3229-4/TP · 3229　　**定　　价** 68. 00 元

本社法律顾问: 北京嘉润律师事务所　郭建平